超可爱彩绘
饼干和甜点

（日）Junko 著
张 岚 译

辽宁科学技术出版社
沈阳

图书在版编目（CIP）数据

超可爱彩绘饼干和甜点 /（日）Junko著；张岚译. —沈阳：辽宁科学技术出版社，2015.2
ISBN 978-7-5381-8959-9

Ⅰ.①超… Ⅱ.①J… ②张… Ⅲ.①饼干—制作 ②甜食—制作 Ⅳ.①TS213.2 ②TS972.134

中国版本图书馆CIP数据核字（2014）第295837号

出版发行：辽宁科学技术出版社
（地址：沈阳市和平区十一纬路 29 号 邮编：110003）
印 刷 者：辽宁泰阳广告彩色印刷有限公司
经 销 者：各地新华书店
幅面尺寸：168mm × 236mm
印 张：6
字 数：100 千字
出版时间：2015 年 2 月第 1 版
印刷时间：2015 年 2 月第 1 次印刷
责任编辑：康 倩
封面设计：袁 舒
版式设计：袁 舒
责任校对：尹 昭

书 号：ISBN 978-7-5381-8959-9
定 价：28.00 元

http://www.lnkj.com.cn

市售点心变身成为
甜蜜可爱的小礼物！

在超市随处可见的小点心，难道不能变得更时尚一点儿吗？
冒出这样的念头以后，就用奶油和彩色糖果创意了一下。
效果出人意料的甜美可爱。
送给朋友以后，得到了一致好评。

用这个方法，即使是不擅长料理的人、忙碌的人，
也应该能在短时间做出可爱的小点心。
看起来像模型一样的小东西，却真的可以一口吞掉呢！
而且味道非常上乘。

非常希望在您需要准备一些回赠、礼品、每日甜点或者是家庭聚会的伴手礼时，
能够参考到本书中的内容。

Junko
热衷于制作料理，从而进入短期大学学习营养学和调理学的课程。
一边从事美术设计的工作，一边在博客中介绍点心制作的技巧。
因为简单易行而又模样可爱的点心制作方法，受到了大家的关注。
在《彩绘蛋糕卷》之后，还出版了《彩绘蛋糕卷2》、《彩绘蛋糕卷3》，同样广受好评。

就像给素颜的点心化妆一样♪

只需要用裱花袋和奶油、巧克力，或者蛋白霜稍加修饰，就能把普通点心升级成让甜点大师也叹为观止的时尚蛋糕！只要带着化妆的心情，创意就会变得很快乐哦！

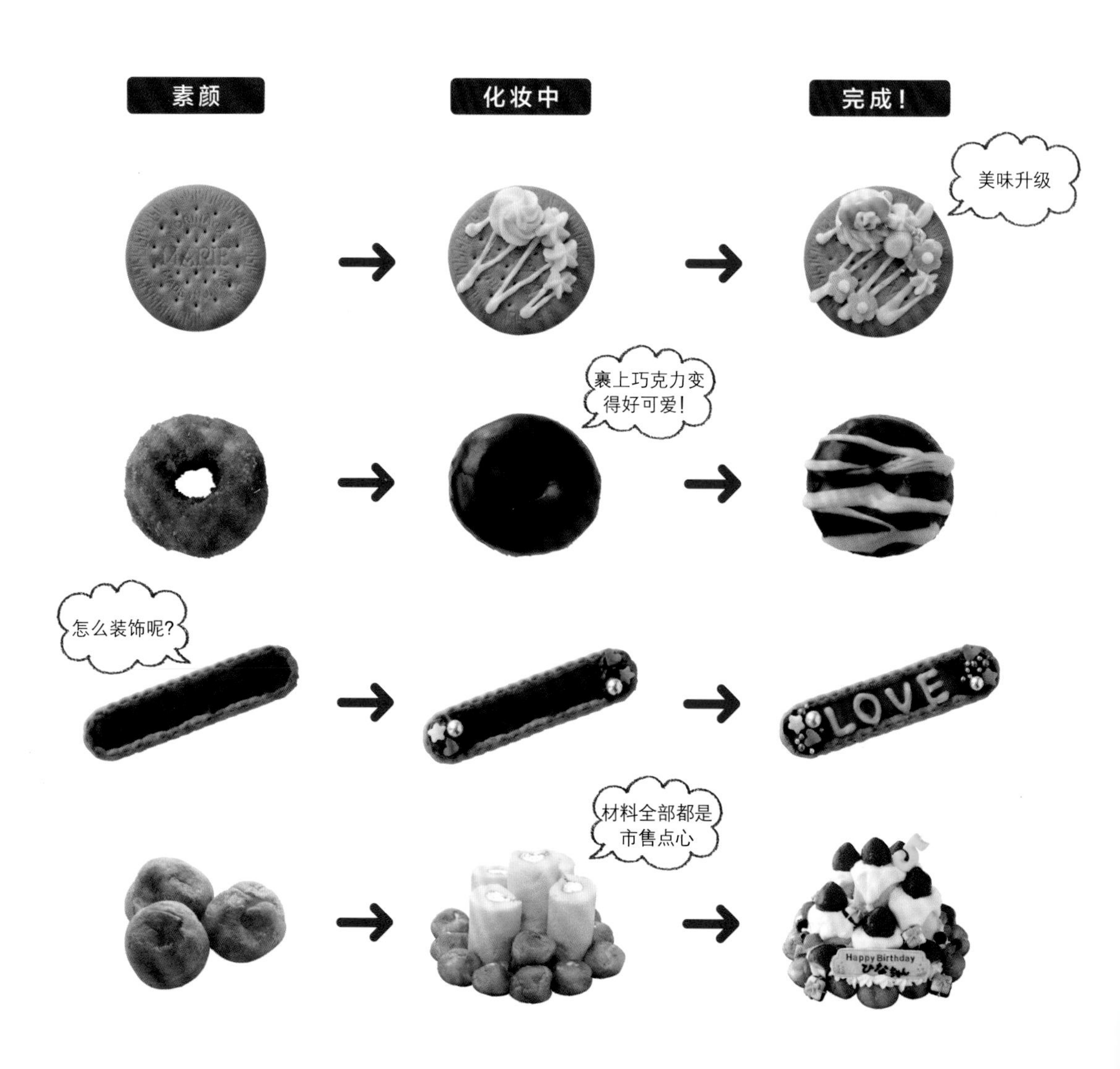

这么可爱，真想送给朋友们！

小巧别致，非常适合作为小礼物和伴手礼。

如果你想取悦小朋友，或者吸引整场圣诞晚会的眼球，也是很好的选择！

甜 蜜 礼 物

家 庭 聚 会

下 午 茶

周 年 纪 念

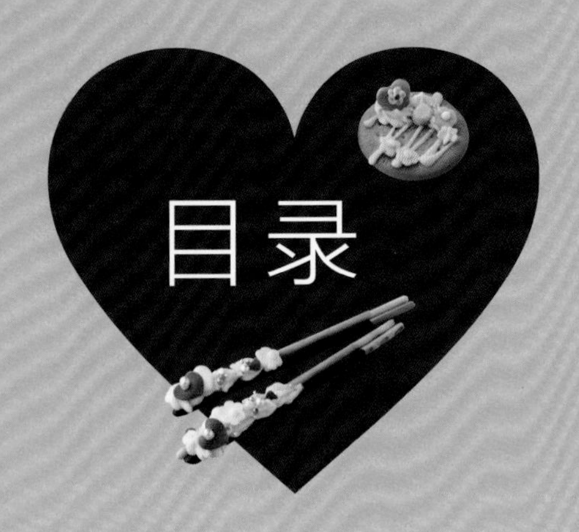

目录

Part 1 适用于小礼物的简单装饰

Part 2 适用于家庭聚会的时尚装饰

小点心的轻巧美味装饰

Part 4 特别的日子也胸有成竹！真正的蛋糕风装饰

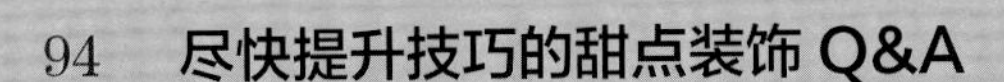

Column

利用厨房里的现成道具就可以！

如果没有托盘或镊子等道具，完全可以用其他道具代替，不需要特别准备。
魅力就在于想做的时候可以毫不犹豫地马上开始！

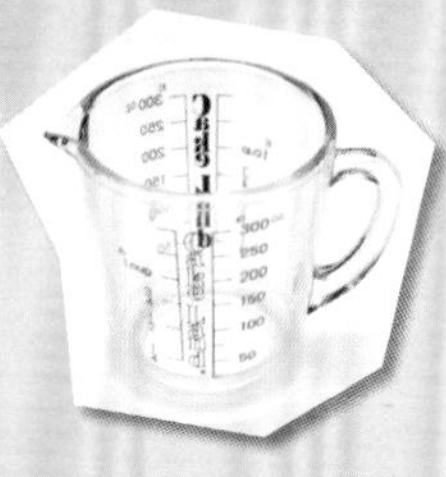

秤、量杯

正确地称量所有的材料。

盆

有大小不同的尺寸会更方便。

托盘

装饰完成的点心需要放在冰箱里保存。如果没有，可以用大盘子代替。

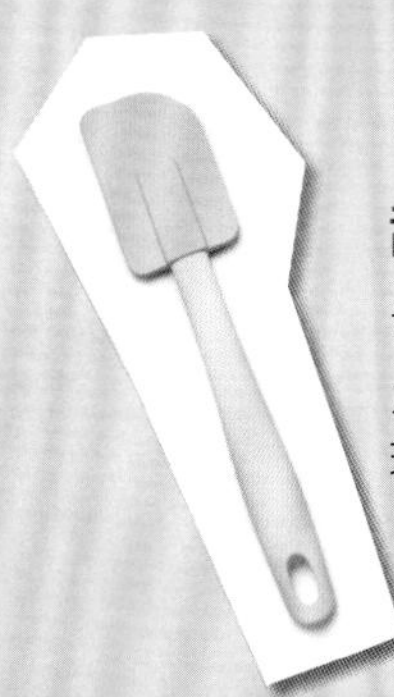

刮板

可以把盆里的巧克力或鲜奶油完全清理干净。

裱花嘴、裱花袋

用于想挤出漂亮的巧克力或奶油形状的时候。

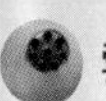
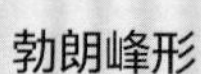
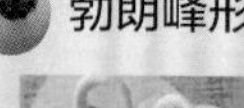

星形　花瓣形　圆形　勃朗峰形

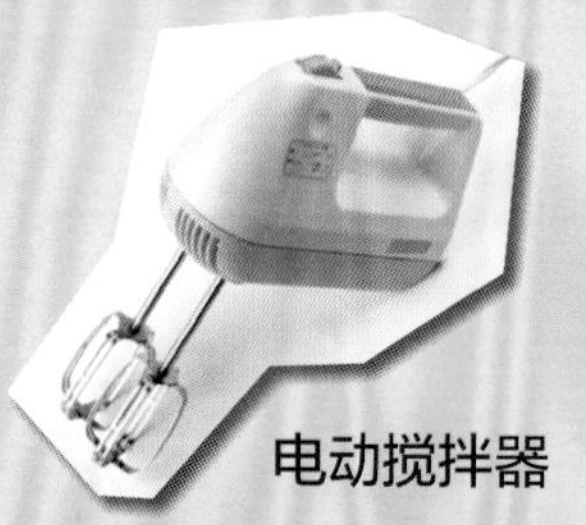

电动搅拌器

便于打制鲜奶油。如果没有，可以用打蛋器代替。

镊子

便于点缀细小的装饰物。如果没有，可以用筷子代替。

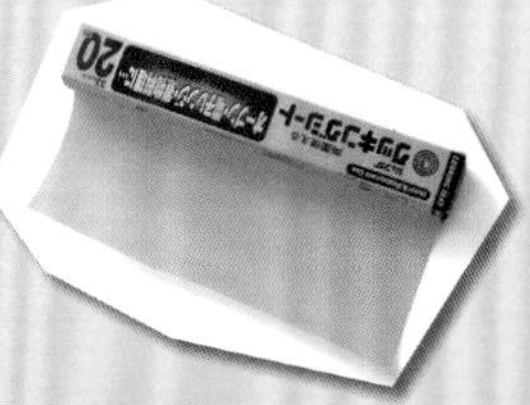

烘焙纸

制作奶油夹心，或用巧克力笔画图的时候使用。

仅仅是在市售的点心上稍作装饰，所以完全没有制果经验的人也能够轻松操作！
不需要烤箱，也不需要准备特别的制果工具。非常适合与小朋友们一起来尝试。

本体和装饰物全部都是市售品！

在市售的点心上面涂上巧克力或者鲜奶油，然后再用彩色糖水或巧克力笔略作修饰。

转瞬之间就完成了超可爱甜点大变身。

市售点心 巧克力、奶油 点缀 便利装饰★甜点

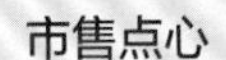

\+

\+

=

推荐！超可爱的装饰物

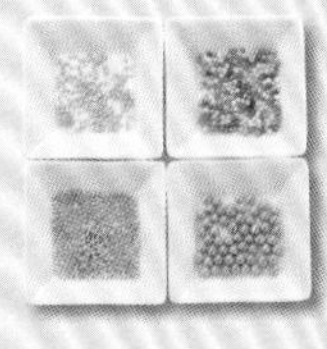

彩色糖豆

闪耀银光的圆形糖球。有不同的颜色和尺寸。

彩片

各种各样的可爱模样。也被称为糖衣片。

MM豆

想增添一些可爱的颜色时，可以选择迷你MM豆。

糖人

各种形象或花瓣的糖衣小物件。

巧克力片

用于生日蛋糕或圣诞蛋糕等各种场合。

各种各样的彩色可爱小点缀！还有很多制果的材料以及其他方便的道具。

巧克力笔的使用方法

1 把巧克力笔浸入热水中，使巧克力融化。不适用滚烫的水，水温保持在50~60℃即可。

2 剪开笔尖。为防止切口破裂，应该使用锋利的刀或厨房剪刀。

3 在托盘的四角少挤出一些巧克力，将烘焙纸平铺在上面。

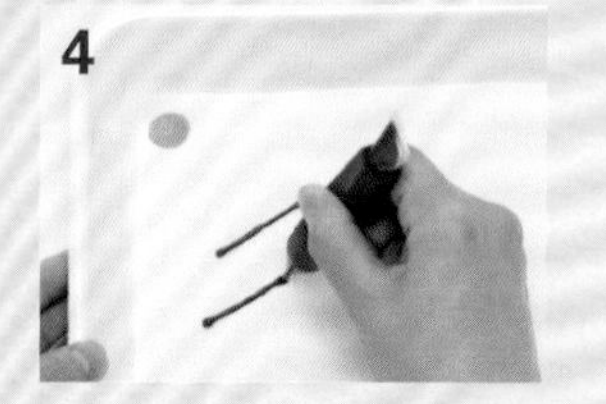

4 拿笔姿势同铅笔一样，不要用力捏。请务必先在其他地方试一下，找到画线的感觉以后再正式开始绘图。

长时间使用的时候可以放置在杯子里

使用时间较长时，应该浸泡在杯子中的热水里。小心切口处不要碰触到水。

巧克力酱的制作方法

1 将巧克力细细切开。

2 把装着鲜奶油的盆垫在热水上，然后加入**1**中的巧克力。

3 用刮板搅拌，使巧克力渐渐融化。请注意不要让水进到盆里。

4 把盆垫在冰水上，用刮板搅拌使其尽快冷却。请注意不要让水进到盆里。

5 巧克力酱硬到出现了小犄角时，就完成了。如果冷却得不够充分，就会影响裱花效果。请充分冷却。

虽然说不需要特别的技巧，但是初次尝试点心制作的人还是首先确认一下本书中将要提到的装饰技巧。即使不够手巧，即使时间紧促，只要掌握了基本技巧就不会失败啦！

奶油裱花的方法

用剪刀剪出裱花袋的切口。要对照裱花口决定好切口的位置。

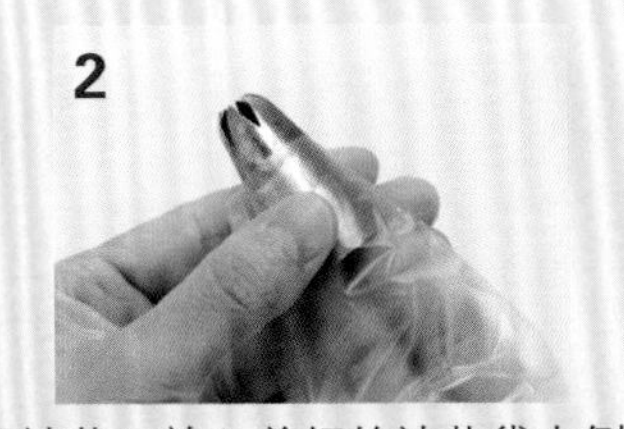

把裱花口放入剪好的裱花袋内侧，装配好。

向里面倒入酱料的时候，可以把裱花袋套在杯子上。这样比较容易操作。

然后从上面排净空气，把材料都集中到裱花口附近。

一只手从上面向下挤，另一只手握住裱花袋的中部。裱花时角度应与蛋糕垂直。

卷筒的制作方法

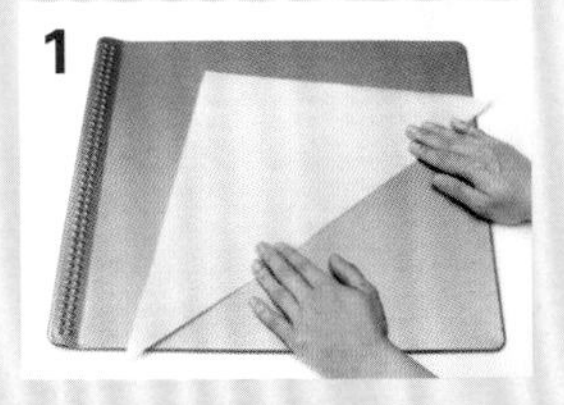

将烘焙纸剪成正方形，然后沿对角线对折。

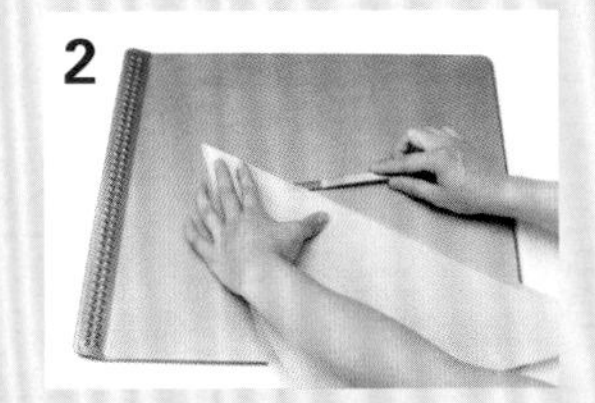

沿对角线切成两半。

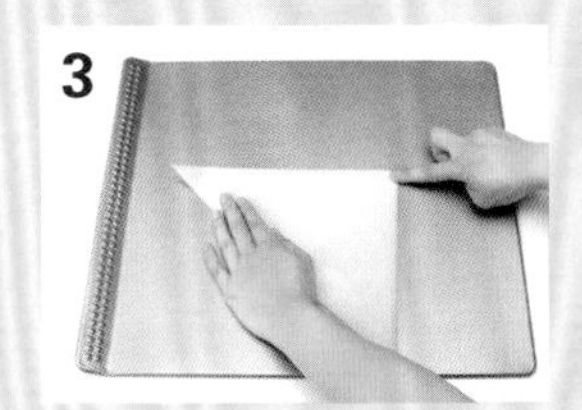

在三角形底边正中心折出压痕。

以压痕为中心卷出圆锥状纸筒。

卷好以后用订书器固定。

奶油夹心的做法

按食谱中的要求分量，把糖粉倒入盆中，加入蛋白与柠檬汁。

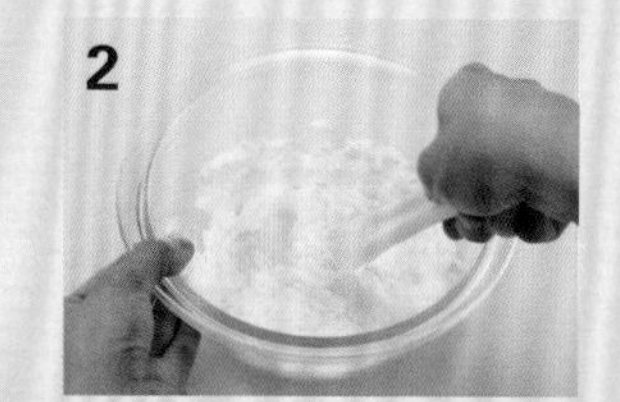

用刮板打散蛋白，进行搅拌。

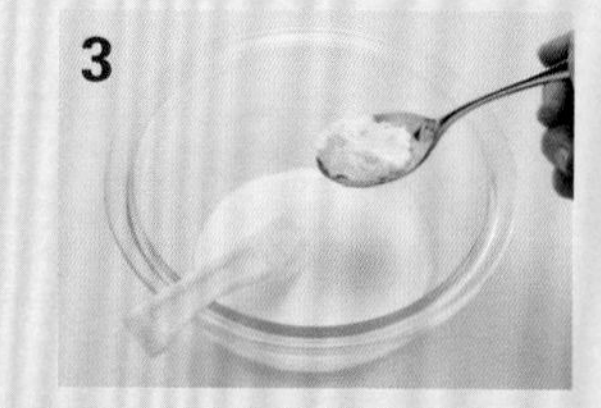

夹心酱可以从刮板上垂下来的时候，再次加入糖粉。

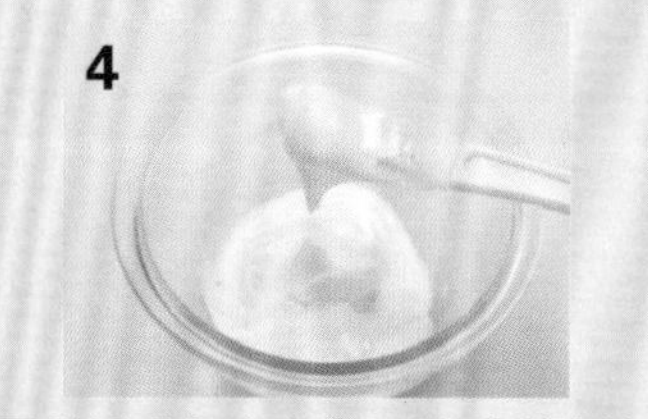

用刮板盛起夹心酱，能看到小犄角的时候就可以完工了。

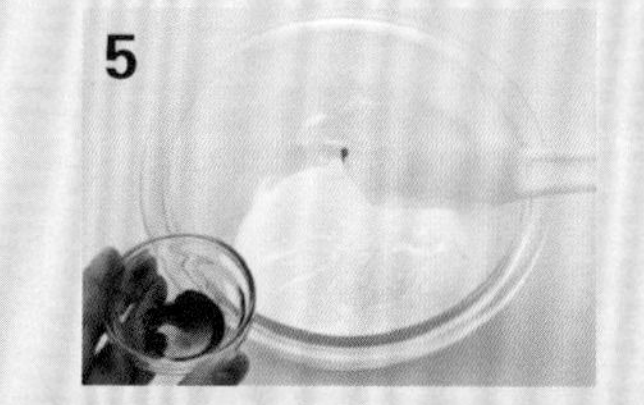

如果需要添加颜色，可以用刮板尖轻轻蘸取水溶食用色素，然后加入到夹心酱中。

充分搅拌至颜色均匀。

用刮板把夹心酱放入到卷筒中，尽量让酱料抵达卷筒底部。

全部放进去以后，从上面把卷筒折起来。

在卷筒尖部的1~2mm处剪出切口，画一下试一试。

方便的管装夹心酱

在超市可以买到挤出来就能直接使用的管装夹心酱。

适用于小礼物的简单装饰

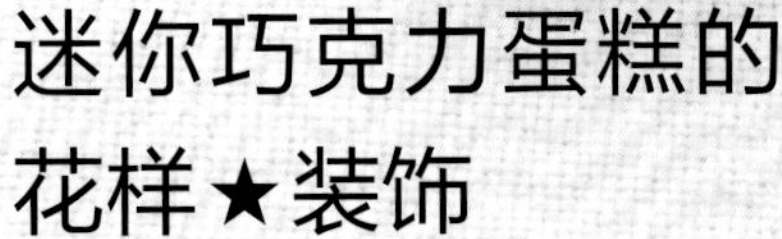

迷你巧克力蛋糕的花样★装饰

可爱得就像甜点模型一样！与生巧克力的味道也相得益彰。可以点缀的物件较少，所以推荐使用相同色系。

即使手不巧也能轻松上手，跟小朋友一起做会很开心哦！

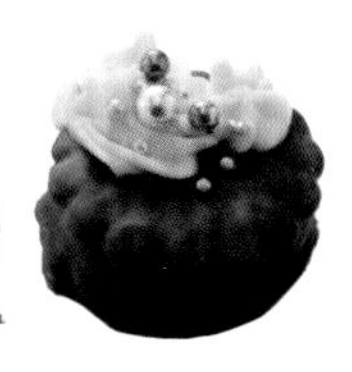

原型是这样的！

迷你巧克力派

松软巧克力方糕

材料（20个份）

♥主体

市售迷你巧克力派——10个

市售松软巧克力方糕——10个

♥巧克力酱

白巧克力——40g

鲜奶油——20ml

♥点缀小物

巧克力笔（棕色、蓝色、粉色、白色）——各1支

彩色糖豆（银色5mm、银色2mm、粉色5mm、蓝色5mm）——各适量

糖片（心形）——适量

准备

♥ 需要在裱花袋上事先装配好星形裱花口。

做法

1 4种颜色的巧克力笔均放入热水中加温融化，然后在迷你巧克力蛋糕上画出斜线。在巧克力线尚未凝固前点缀上彩色糖豆。

2 制作巧克力酱。将巧克力细细切碎。

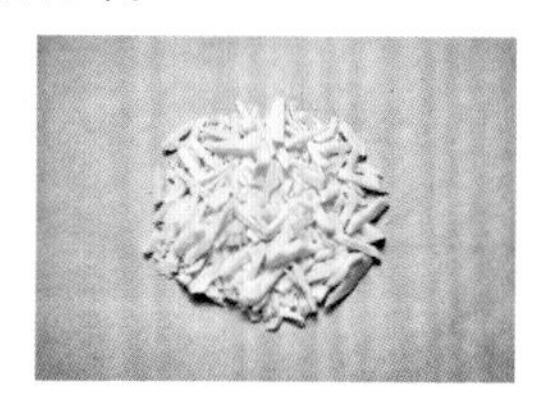

3 鲜奶油放入盆中，然后连盆垫在热水上加温。同时用刮板进行搅拌。加入**2**的巧克力末，用刮板继续搅拌至融化。

4 把**3**的小盆重新垫放在冰水上，继续用刮板搅拌。出现“小犄角”以后，就可以装进裱花袋了。

5 把**4**的巧克力酱尽量美观地挤在**1**上。

6 在**5**还没有凝固之前，点缀上糖片和彩色糖豆。然后放入冰箱冷却30分钟。

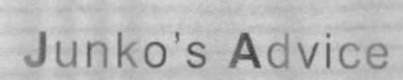

Junko's Advice

♥ 如果巧克力酱冷却得不够充分，挤出来以后会融化成一滩。所以请一定充分冷却到出现小犄角为止。

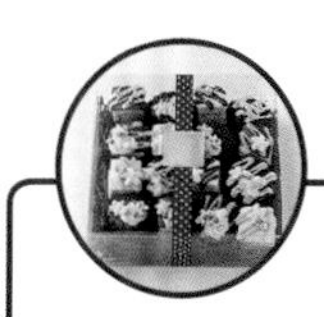

包装创意

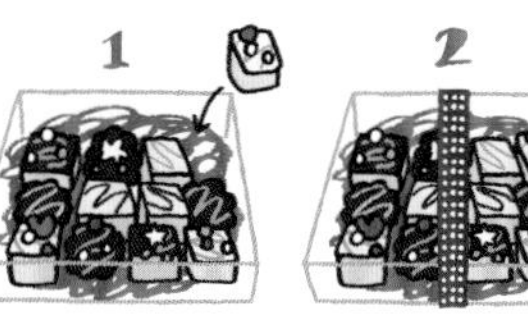

1 在透明塑料盒底铺好彩色纸条，然后把迷你巧克力蛋糕摆在上面。

2 选择与彩色纸条相同色系的丝带系在外面，固定好。

3 表面贴上心意不干胶。

巧克力棒的文字★装饰

条形的烤制点心，非常适合在上面添加文字。
用来做精巧的伴手礼或者写上想说的话，都由你决定！

如果想诉说心情，
这是最合适的方法
了。会交到很多新
朋友哦！

原型是这样的！

巧克力棒

材料（14个份）

♥主体

市售巧克力棒 —— 14根

♥底色

巧克力笔（棕色）
—————— 1支

♥文字部分

巧克力笔（白色、粉色）
—————— 各1支

彩色糖豆（喜欢的颜色 6mm、5mm、2mm）
—————— 各适量

糖片（心形、星形）
—————— 适量

做法

1 将棕色的巧克力笔放入热水中加温融化，然后在巧克力棒两端画出直径1cm的圆形。

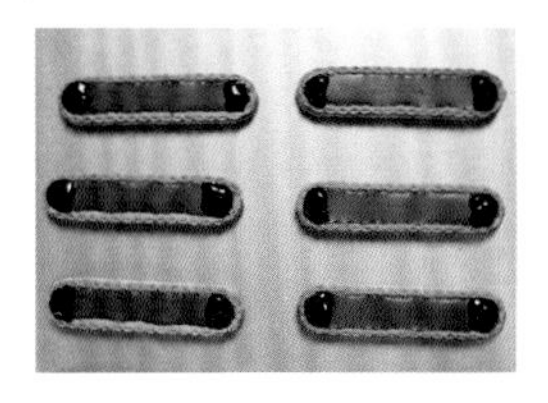

2 趁**1**的巧克力圆形还没有凝固，在上面放置2~3片糖片。

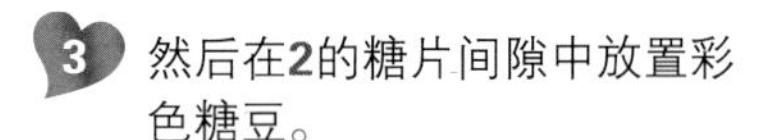

3 然后在**2**的糖片间隙中放置彩色糖豆。

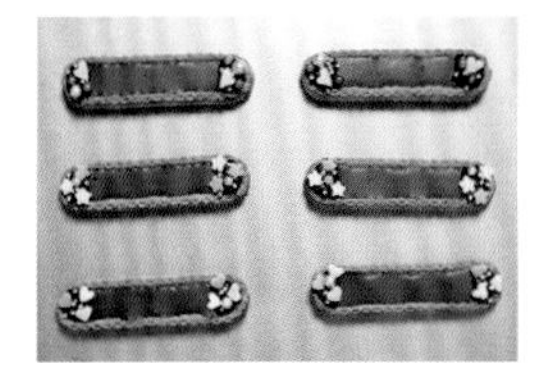

4 然后将白、粉色的巧克力笔放入热水中加温融化，在**3**上面写上文字。最后放入冰箱冷却10分钟左右，使其凝固。

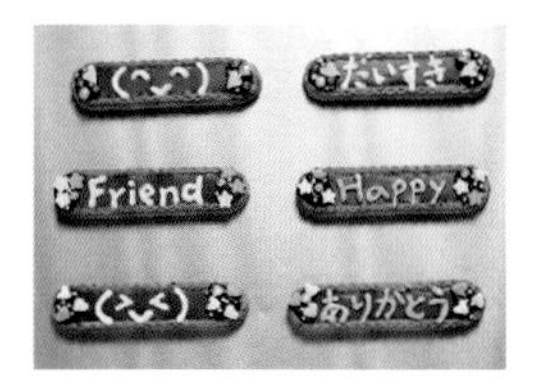

Junko's Advice

- ♥把巧克力笔立着放到装满热水的马克杯中，就能保证巧克力液长时间不凝固哦。非常方便。
- ♥如果巧克力笔写不出笔画纤细的字体，可以把融化了的巧克力液倒入卷筒中以后再写哦。这样的字体也很漂亮。

包装创意

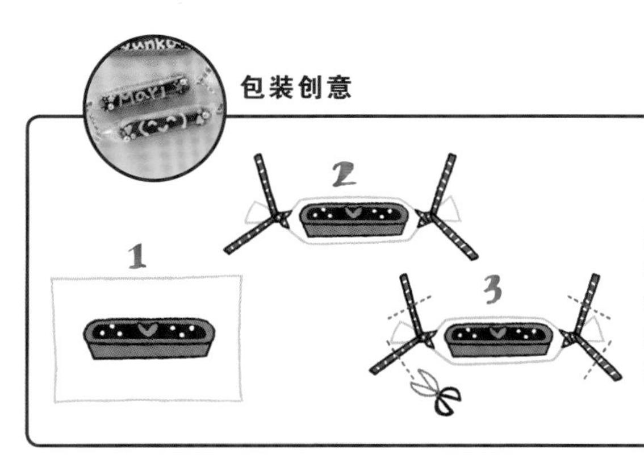

1 将透明塑料纸（OPP薄膜）剪成长方形。长度应比巧克力棒长出一些。
2 将每根巧克力棒分别包装在塑料纸中，两端用丝带固定。
3 将丝带修剪成合适的长度。

巧克力棒的可爱★装饰

把细长的巧克力棒排列成竹筏的样子，然后加上花样繁多的小点缀。
如此一来，外观和口味立即不同！

多找一些可爱的小糖片，把巧克力棒打扮得时尚起来吧♪

原型是这样的！

巧克力棒

材料（1个大、3个小）

♥主体

巧克力棒 ———— 3根
草莓巧克力棒 —— 11根
巧克力笔（粉色）
———————— 1支

♥巧克力酱

白巧克力 ———— 40g
鲜奶油 ———— 20ml

♥点缀小物

大糖片（心形）
———————— 适量
彩色糖豆（银色2mm、6mm、粉色2mm、5mm、绿色5mm）
———————— 各适量
糖片（心形、花朵形）
———————— 各适量

准备

♥ 需要在裱花袋上事先装配好星形裱花口。

做法

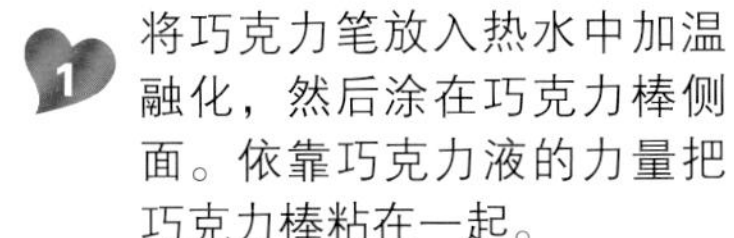

1 将巧克力笔放入热水中加温融化，然后涂在巧克力棒侧面。依靠巧克力液的力量把巧克力棒粘在一起。

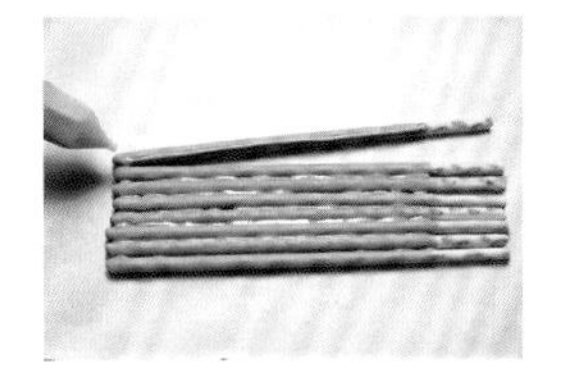

2 制作巧克力酱。将巧克力细细切碎。

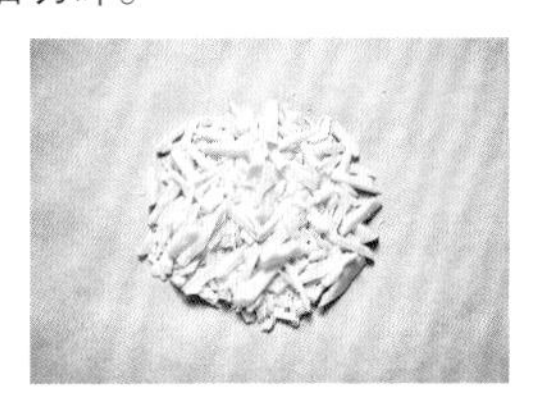

3 鲜奶油放入盆中，然后连盆垫在热水上加温。同时用刮板进行搅拌。加入**2**的巧克力末，用刮板继续搅拌至融化。

4 把**3**的小盆重新垫放在冰水上，继续用刮板搅拌。出现"小犄角"以后，就可以装进裱花袋了。

5 把**4**的巧克力酱尽量美观地挤在**1**上。

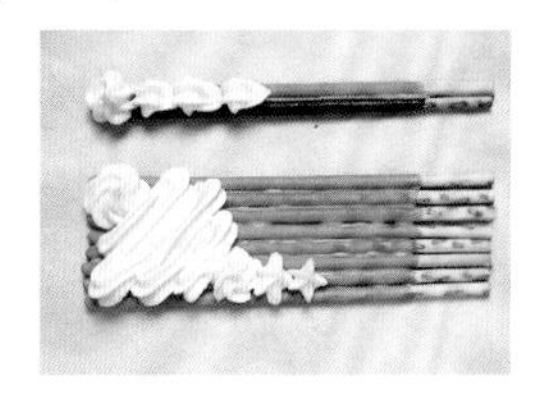

6 在**5**还没有凝固之前，点缀上糖片和彩色糖豆。然后放入冰箱冷却30分钟。

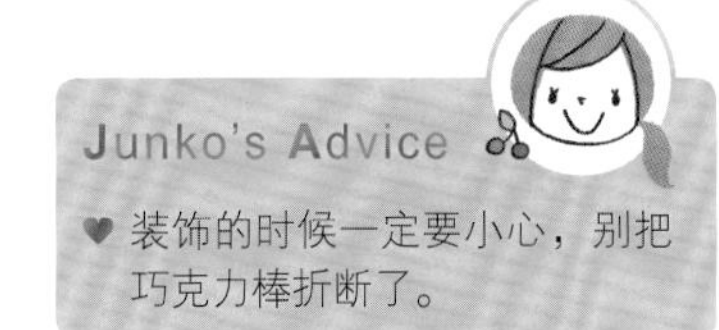

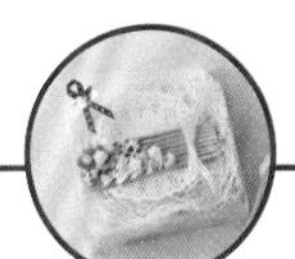

包装创意

1 在透明盒子里放入彩色纸条，上面铺上蕾丝纸片。用蝴蝶结点缀大的巧克力排，然后放在蕾丝纸片上。
2 小一点的巧克力棒可以直接放在透明包装袋中，然后再衬托上蕾丝纸片。
3 在包装表面贴上蝴蝶结或心意不干胶，完工！

牛奶饼干的
趣味★装饰

点缀上不同的糖片，能让普通的牛奶饼干变得或高雅或可爱。关于牛奶饼干，建议选择口味单纯清淡的种类。

Junko's Advice

♥ 如果巧克力酱冷却得不够充分，挤出来以后会融化成一滩。所以请一定充分冷却到出现小犄角为止。

点缀得宛如一个有趣的装饰品。吃掉会不会觉得有点可惜呢？

原型是这样的！

原味饼干

香草夹心饼干

材料（22个份）

♥**主体**

市售原味牛奶饼干 ………… 10枚

市售香草夹心饼干 ………… 12枚

♥**巧克力酱**

白巧克力 ………… 100g

鲜奶油 ………… 50ml

♥**点缀小物**

巧克力笔（棕色、白色） ………… 各1支

彩色糖球（银色2mm、6mm、粉色5mm） ………… 各少许

糖片（心形、花片、小瓢虫形） ………… 各适量

准备

♥需要在裱花袋上事先装配好星形裱花口。

做法

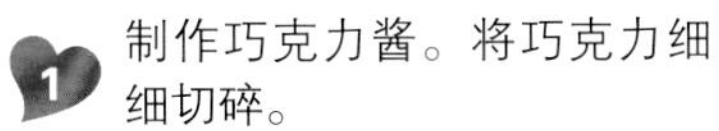

1 制作巧克力酱。将巧克力细细切碎。

2 鲜奶油放入盆中，然后连盆垫在热水上加温。同时用刮板进行搅拌。加入**1**的巧克力末，用刮板继续搅拌至融化。

3 把**2**的小盆重新垫放在冰水上，继续用刮板搅拌。出现“小犄角”以后，就可以装进裱花袋了。

4 将3种颜色的巧克力笔放入热水中加温融化，然后在6~7枚原味牛奶饼干和夹心饼干上画出随意的斜线。

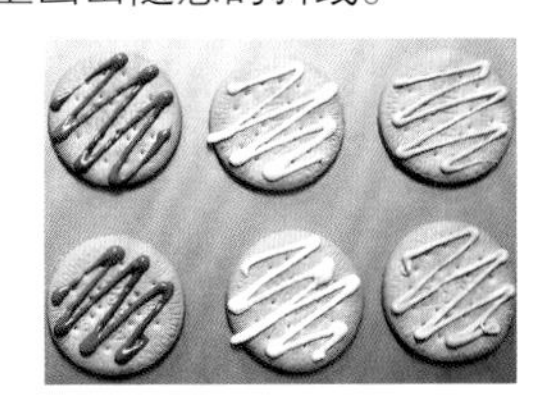

5 把**3**的巧克力酱尽量美观地挤在**4**上。然后继续把**3**挤在剩余的原味饼干上。

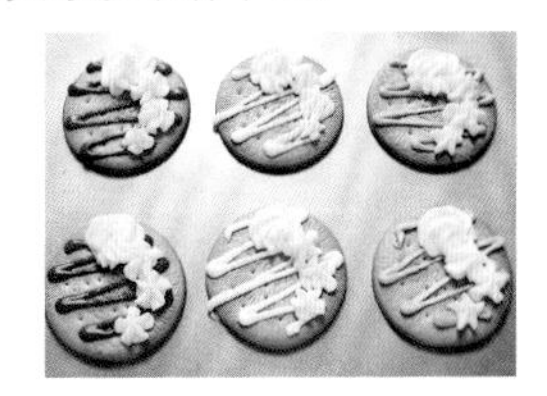

6 在**5**还没有凝固之前，点缀上糖片和彩色糖豆。然后放入冰箱冷却30分钟。

包装创意

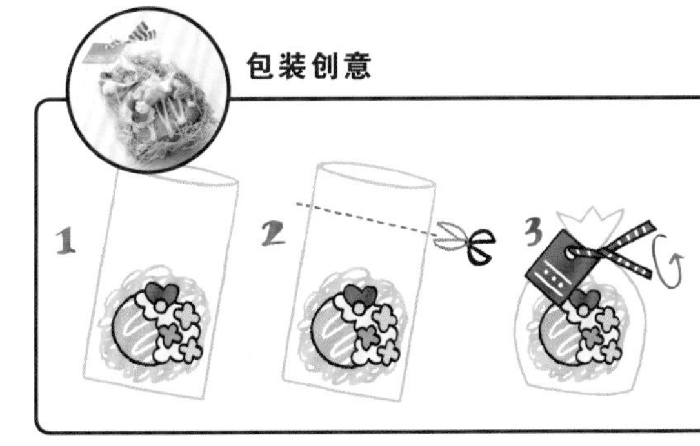

1 将饼干垫在彩色纸条上，放入透明包装袋中。
2 如果袋子过长，可以剪掉多余的部分。
3 袋子上部折出均匀的褶皱，然后用丝带固定。

奶香小面包片的
卡片风格★装饰

在怀旧风的奶香小面包片上，用夹心酱写上自己的心意。

当然也可以使用巧克力笔，但卷筒和夹心酱的组合能写出更细致的字体。可以试试看哦！

写出世界上独一无二的心意来做礼物吧！

原型是这样的！

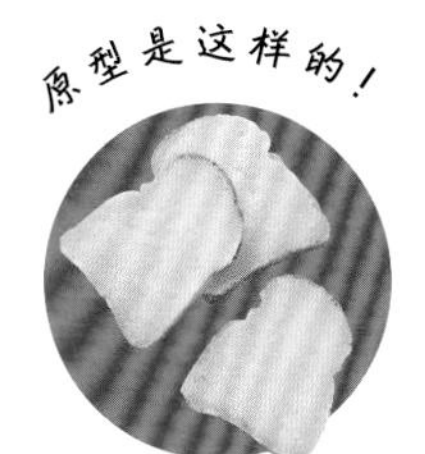

欧风奶香面包片

材料（10个份）

♥主体

市售的奶香面包片 ———— 10片

♥夹心酱

蛋白 ———— 10g

糖粉 ———— 45g

柠檬汁 ———— 1~2滴

黑可可粉 ———— 1小茶匙

（如果没有也可用纯可可粉代替）

♥点缀小物

糖片（星形、心形） ———— 各适量

准备

♥用烘焙纸做好卷筒。

做法

1 制作夹心酱。盆中放入糖粉，加入蛋白和柠檬汁，然后用刮板搅拌均匀。

2 如果**1**不够黏稠，可以逐量加入糖粉调整黏稠度。然后取半量放入到另外一个盆中。

3 用勺子取**2**的夹心酱，分别涂到小面包片的上下两处。

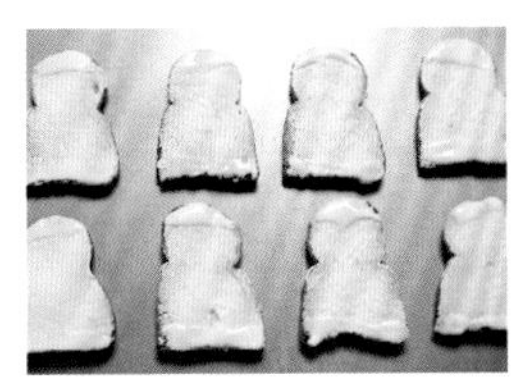

4 趁**3**中涂抹的夹心酱还没干，把糖片点缀在上面。

5 把黑可可粉加入到**2**中分开的盆里，搅拌均匀。

6 将**5**倒入卷筒中，在**4**上写字。常温静置30分钟以后就会凝固。

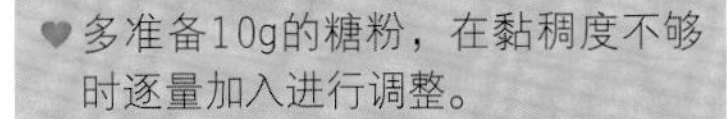

Junko's Advice

♥多准备10g的糖粉，在黏稠度不够时逐量加入进行调整。

♥如果蛋白的计量不够准确，或者柠檬汁加入得太多，就会导致夹心酱太稀写不出整齐的字体。需要格外注意。

♥除了写字以外，还可以画出这样的扑克花纹。很可爱吧！

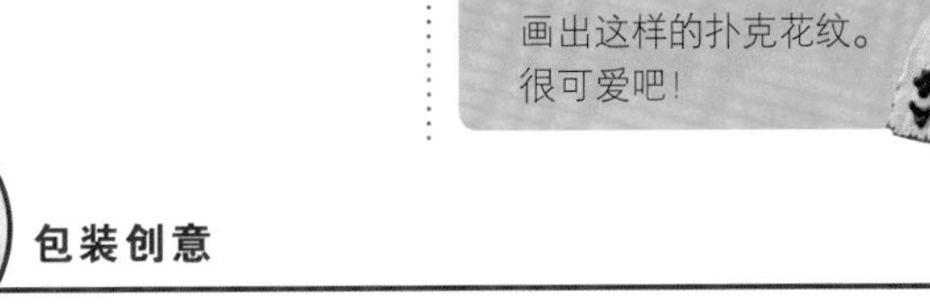

包装创意

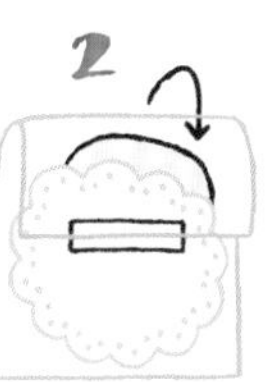

1 把小面包片放在蕾丝纸片上，装入透明袋中。
2 如果袋子过长，可以折过来用胶带固定。
3 袋子正面用蝴蝶结和心意不干胶装饰，完成。

牛奶饼干的宝石箱★装饰

在牛奶饼干表面画上花纹，组装成盒子的形状。里面放入巧克力或者心意不干胶，就成了世间独一无二的宝石箱。

Junko's Advice

- 多准备10g的糖粉，在黏稠度不够时逐量加入进行调整。
- 如果蛋白的计量不够准确，或者柠檬汁加入得太多，就会导致夹心酱太稀写不出整齐的字体。
- 把饼干粘到一起的时候，尽量让饼干之间的角度呈直角才比较容易成功。箱子组装到一起以后需要放入冰箱内冷藏，使其凝固。

原型是这样的！

四边形饼干

材料（1个份）

♥**主体**

市售四边形饼干 ———— 6枚

巧克力笔（棕色） ———— 1支

♥**夹心酱**

蛋白 ———— 10g

糖粉 ———— 55g

柠檬汁 ———— 1~2滴

食用色素（红、蓝、黄） ———— 各少许

♥**点缀小物**

彩色糖豆（银色2mm、粉色5mm） ———— 各适量

准备

♥用烘焙纸做出4个卷筒。

♥用少量的水将食用色素分别融化。

做法

1 制作夹心酱。盆中放入糖粉，加入蛋白和柠檬汁，然后用胶板搅拌均匀。

2 如果**1**不够黏稠，可以逐量加入糖粉调整黏稠度。然后平分成4份，放入不同的盆中。

3 用少量的水融化食用色素，然后分别加入到**2**的盆中。搅拌均匀。

4 将**3**分别放入卷筒中，然后在5枚饼干上画出喜欢的花纹。用来作箱底的饼干不需要画花纹。

5 趁**4**还没有干，将点缀小物装饰在上面。然后常温下静置30分钟使其凝固。

6 将巧克力笔放入热水中加温融化后，涂在没画花纹的饼干边缘。然后把画了花纹的饼干垂直贴上去，放入冰箱冷藏10分钟。

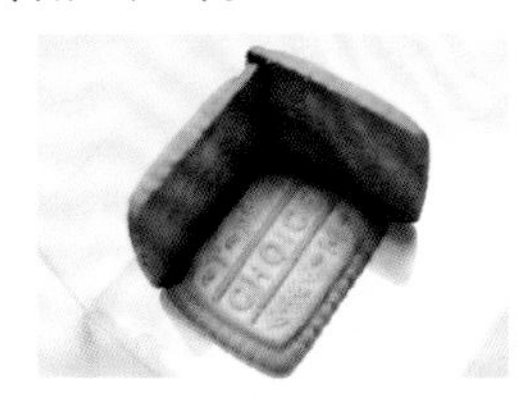

7 在**6**的旁边，再贴上一枚画了花纹的饼干。继续放入冰箱冷藏10分钟。

8 在**7**的其他两边也涂上巧克力液，贴上饼干组成箱子的形状。然后放入冰箱冷藏10分钟左右。

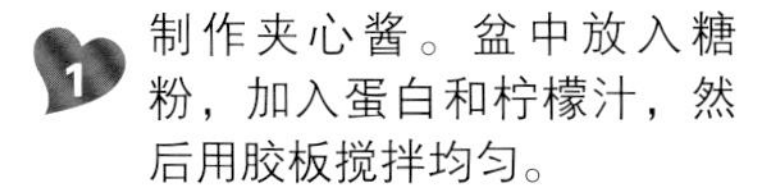

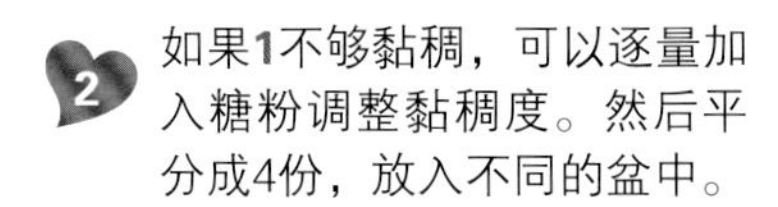

包装创意

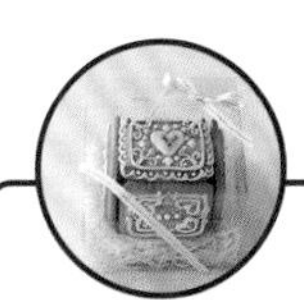

1 在饼干宝石箱里放些小点心，盖上盖子。
2 在透明盒子底部铺好彩色纸条，然后将蕾丝纸片和**1**放在上面。
3 系上蝴蝶结，完工！

大板巧克力的心形★装饰

虽然是货真价实的甜品，制作过程中却充满了制作甜点模型的感觉。
粉色的糖片和白色的巧克力搭配起来很漂亮。

Junko's Advice

♥ 如果没有心形的糖片，可以用剪刀或水果刀把棉花糖切成心形来代替。

可爱少女系的可爱颜色，浪漫极了。

原型是这样的！

大板巧克力（白巧克力）

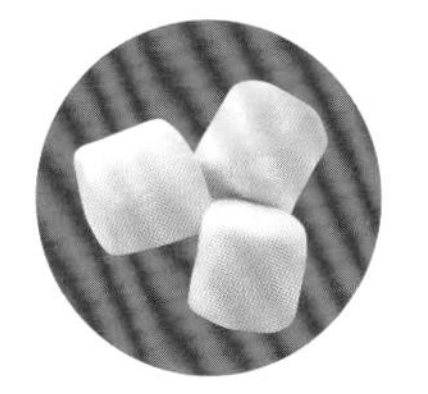

彩色棉花糖

材料（1个份）

♥**主体**

大板巧克力（白巧克力）——1枚

♥**巧克力酱**

草莓口味巧克力——40g
鲜奶油——20ml

♥**点缀小物**

棉花糖（粉色）——3个
糖片（心形）——适量
彩色糖豆（粉色2mm、5mm、银色2mm、6mm）——各适量

装饰用

巧克力片——1枚

准备

♥需要在裱花袋上事先装配好星形裱花口。

做法

1. 把点缀用的棉花糖纵向切开，用模型扣出心形。

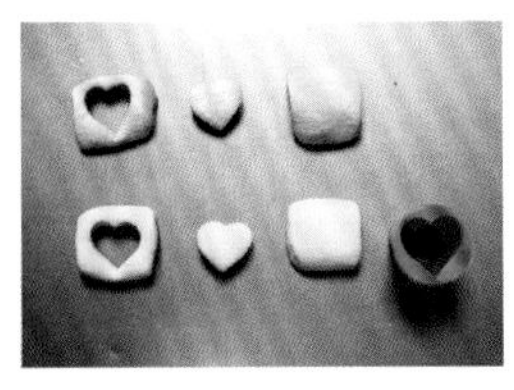

2. 制作巧克力酱。将巧克力细细切碎。

3. 鲜奶油放入盆中，然后连盆垫在热水上加温。同时用刮板进行搅拌。加入**2**的巧克力末，用刮板继续搅拌至融化。

4. 把**3**的小盆重新垫放在冰水上，继续用刮板搅拌。出现“小犄角”以后，就可以装进裱花袋了。

5. 以大板巧克力的右上与左下角为中心，尽量美观地把**4**的巧克力酱挤在上面。

6. 趁**5**还没有凝固，把**1**的棉花糖装饰在上面。

7. 然后再把糖片、彩色糖豆点缀在上面。最后放入冰箱冷藏30分钟。

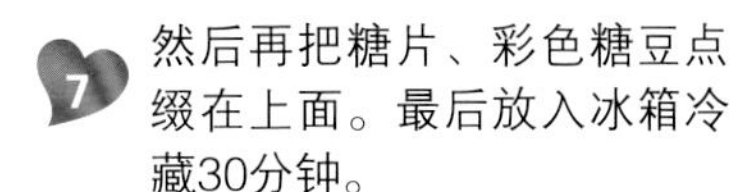

包装创意

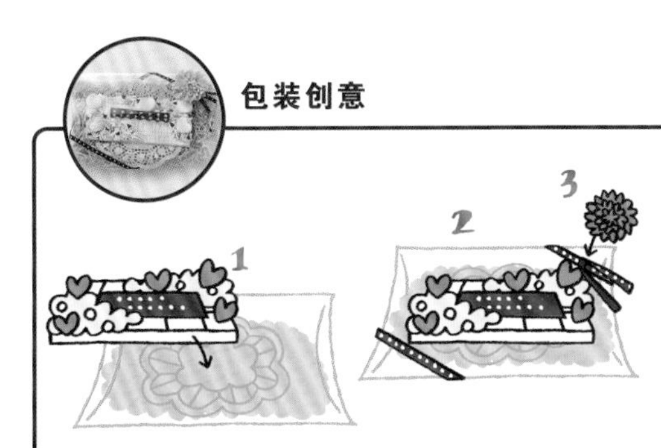

1 在透明盒子里放入彩色纸条，上面铺上蕾丝纸片。然后把大板巧克力摆在上面。
2 盒子外面系上蝴蝶结。
3 用双面胶固定装饰花朵。

大板巧克力的泰迪熊★装饰

牛奶巧克力的颜色更能衬托出白色的巧克力酱。
如果用小熊来当主角，会呈现出趣味横生的画面。

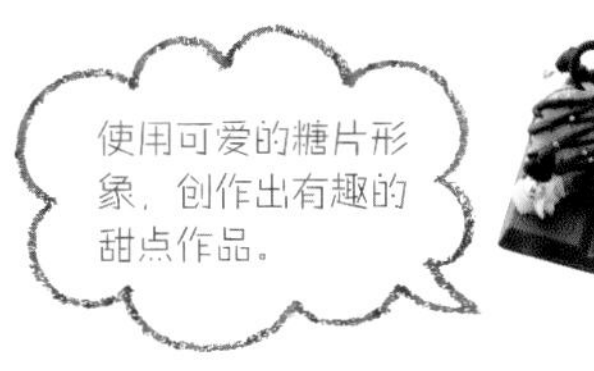

原型是这样的！

大板巧克力（牛奶巧克力）

材料（1枚份）

♥主体

大板巧克力（牛奶巧克力）——1枚

♥巧克力酱

白巧克力——40g
鲜奶油——20ml

♥点缀小物

迷你饼干——2枚
巧克力笔（棕色）—1支
彩色糖豆（银色2mm、6mm）——各适量
心形白巧克力——适量
糖片（小熊）——1个

做法

1 将巧克力笔放入热水中加温融化，然后在烘焙纸上画出花、心形、蝴蝶结的形状。然后在装饰用饼干上画出随意的线条。

2 趁**1**没有凝固，把彩色糖豆装饰在巧克力液上面。

3 制作巧克力酱。将巧克力细细切碎。

4 将鲜奶油放入盆中，然后连盆垫在热水上加温。同时用刮板进行搅拌。加入**3**的巧克力末，用刮板继续搅拌至融化。

5 把**4**的小盆重新垫放在冰水上，继续用刮板搅拌。出现“小犄角”以后，就可以装进裱花袋了。

6 以大板巧克力的左上与右下角为中心，尽量美观地把**5**的巧克力酱挤在上面。

7 趁**6**还没有凝固之前，把**1**的心形、花朵、蝴蝶结和饼干点缀在上面。

8 继续把巧克力、糖片、彩色糖豆点缀上去。最后放入冰箱冷藏30分钟。

Junko's Advice

♥如果没有心形白巧克力，也可用白色巧克力笔画一个来代替。

准备

♥需要在裱花袋上事先装配好星形裱花口。

包装创意

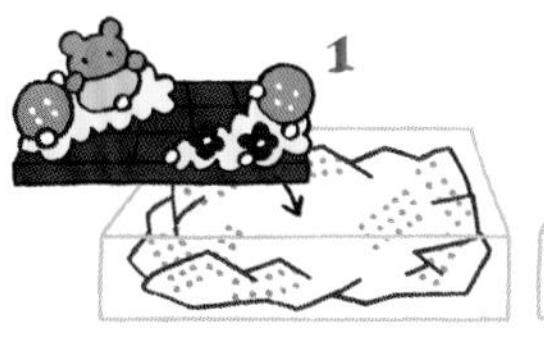

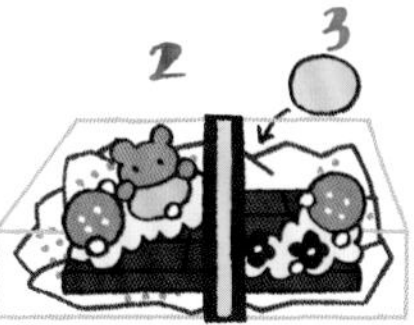

1 把巧克力摆在故意揉皱的包装纸上，放入透明盒子中。
2 把2根宽窄不同的丝带叠在一起，绕盒子一周。在盒子下面用胶带固定。
3 在表面贴上心意不干胶，完工！

脆甜筒的花束★装饰

在脆甜筒上面点缀上巧克力或糖衣的花朵。
请带着扎花束的心情，来体验颜色组合的乐趣吧！

非常适合送给喜欢花朵的孩子。这可是又好看又好吃的花束哦♪

原型是这样的！

脆甜筒

材料（2个份）

♥**主体**

脆甜筒（草莓、蛋糕&奶油）——各1个

巧克力笔（粉色、白色）——各1支

♥**点缀小物**

彩色糖豆（银6mm、2mm）——各适量

糖片（花朵）——适量

做法

1 将巧克力笔放入热水中加温融化，然后在烘焙纸上画出花朵的形状。

2 趁**1**还没有凝固，把彩色糖豆装饰在花心部。然后放入冰箱冷藏10分钟。

3 在脆甜筒表面用同色巧克力笔挤上一点巧克力液，然后把**2**的巧克力花朵固定在上面。

4 继续在**3**上面挤出巧克力液，固定其他糖片和彩色糖豆。最后放入冰箱冷藏10分钟，使其凝固。

Junko's Advice

♥把巧克力笔立着放入到装满热水的马克杯中，就能保证巧克力液长时间不凝固哦。非常方便。

包装创意

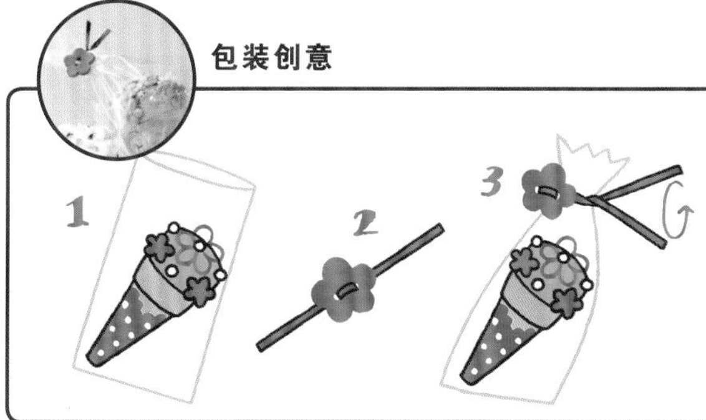

1 用蕾丝纸包裹住脆甜筒，放入透明袋子中。
2 用铁丝包装绳穿过扣子。
3 把袋子的上部均匀折叠，用**2**固定。

鲷鱼烧的巧克力★装饰

看起来很像鱼形的鲷鱼烧，其实是巧克力夹心饼。
造型令人耳目一新，是我博客里反响热烈的一款作品。

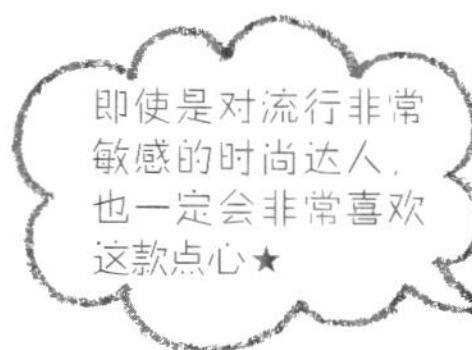

原型是这样的！

鲷鱼烧

材料（2个份）

♥主体

鱼形巧克力饼（白色、粉色）……各1个

♥巧克力酱

白巧克力……20g
草莓巧克力……20g
鲜奶油……20ml

♥点缀小物

糖片（花朵、心形等）……各适量
彩色糖豆（银色6mm、2mm）……各适量

做法

1 制作两种巧克力酱。分别把两种巧克力细细切碎。

2 鲜奶油均分成两份，放入不同的盆中，垫在热水上加温。一边用刮板搅拌，一边分别加入**1**的巧克力末。然后用刮板搅拌至完全融化。

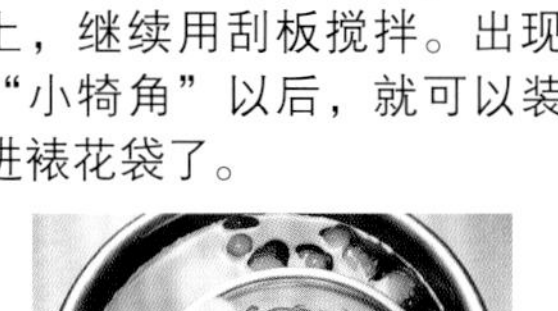

3 把**2**的小盆重新垫放在冰水上，继续用刮板搅拌。出现“小犄角”以后，就可以装进裱花袋了。

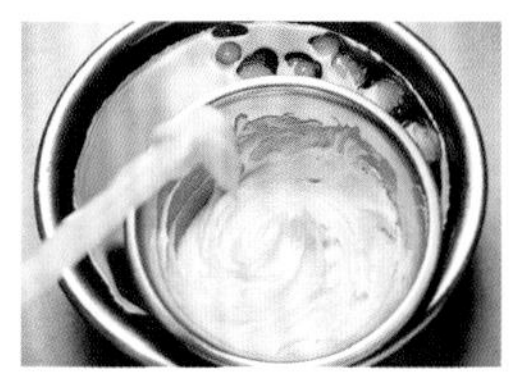

4 把**3**的巧克力酱，尽量美观地挤在鱼饼上。原色鱼饼配白色巧克力酱，粉色鱼饼配粉色巧克力酱。

5 趁**4**还没有凝固，把糖片和彩色糖豆点缀在上面。然后放入冰箱冷却30分钟。

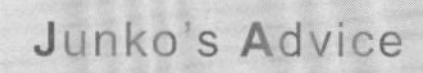

Junko's Advice

♥点缀糖片的时候，按照由大到小的顺序装饰会比较美观。

准备

♥需要在两个裱花袋上分别装配星形裱花口。

包装创意

1 把两个鱼饼装入船形盒子中。
2 将透明包装纸剪成长方形，大小应比鱼饼略大一圈。然后包裹在**1**的外面。
3 用胶带固定包装纸，然后贴上心意不干胶。

熊猫饼干的时尚★装饰

只需要用巧克力笔把糖片和彩色糖豆固定在上面，是一款非常简单的装饰甜点。

可以让小朋友通过这款点心的制作，体验手工制果的乐趣。

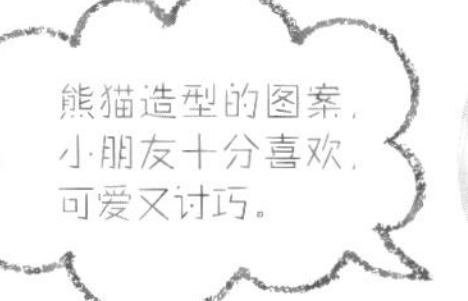

松脆熊猫饼干

材料（15个份）

♥ **主体**

市售的熊猫饼干——15枚

巧克力笔（白色）——1支

♥ **点缀小物**

糖片（心形）——适量

彩色糖豆（银色6mm、2mm，粉色5mm、2mm，蓝色5mm、2mm，绿5mm、2mm）——各少量

糖片（花朵、草莓）——各适量

做法

1 巧克力笔放入热水中加温融化，然后适量涂在熊猫饼干的头部。

2 趁**1**还没有凝固，把糖片和彩色糖豆点缀在上面。

3 在冰箱中冷却10分钟即可。

Junko's Advice

♥ 熊猫形饼干表面的巧克力有时候会有污损。此时用棉签蘸水轻轻拭去污垢，即可使用。

创意包装

1 在透明袋中装一些彩色纸条，然后放入3~4个熊猫饼干。
2 在袋子上面系上铁丝包装绳。
3 将袋口的褶皱整理均匀，然后将包装绳系成蝴蝶结状。完工！

迷你酥派的巧克力★装饰

在迷你酥派表面裹一层巧克力，味道会更胜一筹！
还可以点缀一些糖豆和干果。

原型是这样的！

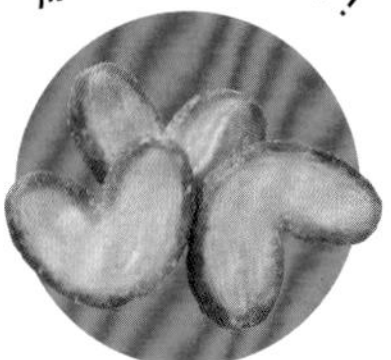

迷你酥派

材料（15个份）

♥主体

市售的心形迷你酥派 ——15个

♥点缀小物

牛奶巧克力 ——20g

白巧克力 ——20g

草莓巧克力 ——20g

彩色糖豆（银色2mm）——适量

草莓干（片状）——适量

做法

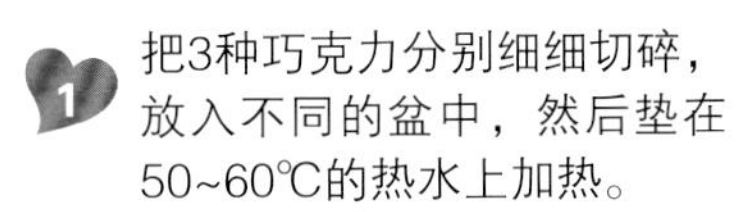

1 把3种巧克力分别细细切碎，放入不同的盆中，然后垫在50~60℃的热水上加热。

2 **1**完全融解后，把迷你酥派的一半浸到巧克力液中。

3 在**2**中选择半数的迷你酥派，趁巧克力尚未凝固前装饰上彩色糖豆。

4 在**2**剩余的迷你酥派上，利用裱花袋分别画上随意的斜线。

5 在使用了草莓、白巧克力组合的迷你派上，继续点缀一些草莓干果末。然后放入冰箱冷藏30分钟。

Junko's Advice

♥如果残留在卷筒中的巧克力开始凝固，可以再次垫在热水上面使其融化。

准备

♥用于烘焙制作的裱花袋3个。

创意包装

1 把5~6个迷你酥派放入锡箔纸杯中，然后装进透明袋子里。
2 在铁丝包装绳上穿一颗扣子。
3 在袋子上部别一个蝴蝶结，然后用铁丝包装绳固定。完工！

包装成可爱的小礼物！

从包装上体现时尚品位

送礼物的时候，不妨通过蝴蝶结和心意不干胶让礼物的存在感升级。
现在，就教给大家几款简单易行、时尚华丽的包装方法。

有了这样的东西就方便多了

如果想突显可爱外观，选择透明的包装袋或包装盒是一个关键。更可以通过蝴蝶结和心意卡调整色调。

1 OPP袋

耐水性优良的透明薄膜袋。可根据点心的大小选择不同尺寸的袋子。

2 透明包装盒

高端品位骤然呈现！能很好地保护需要手提的甜点的外观。

3 彩色纸条

可以随意团成各种形状放在袋子或盒子里。这可是保护甜点的秘密武器哦！

4 锡箔纸杯

把几个小小的甜点放在一起打包，看起来更可爱呢。

5 蜡纸

耐水、耐油性极强。可以铺在盘子中，更可以代替包装袋来包裹甜点。

6 铁丝包装带

铁丝包装带能方便快捷地系住OPP袋子的袋口。

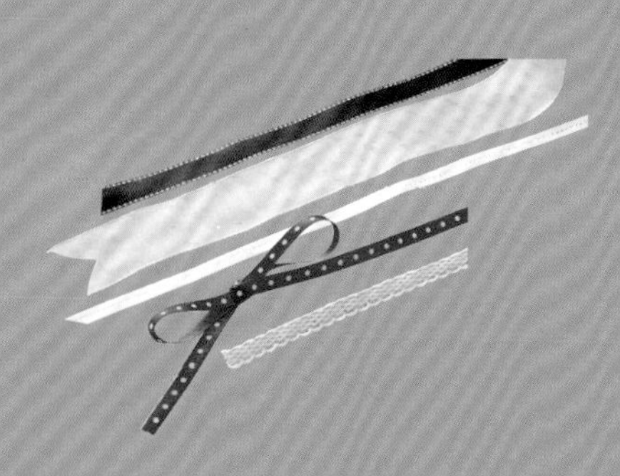

7 蝴蝶结

包装中不可或缺的主角。拥有各种花纹颜色，搭配不同需求。

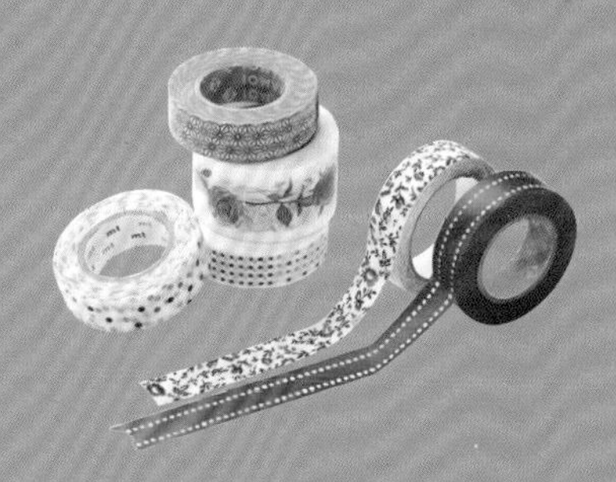

8 包装带

不仅能稳固包装，还能增添色彩趣味。绝对的最佳选择！

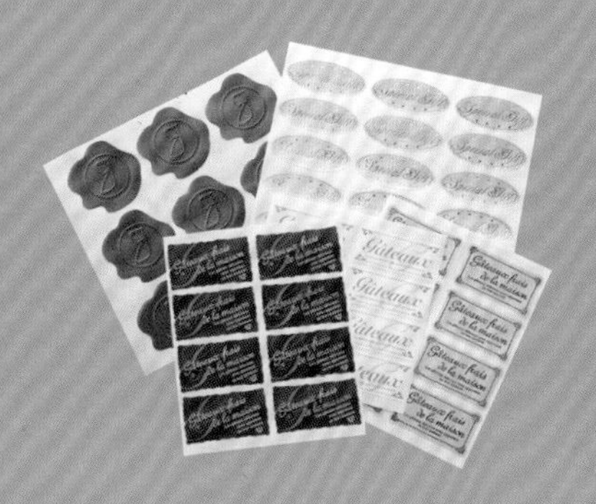

9 心意不干胶

不干胶与蝴蝶结、包装带组合使用，真正的高端、大气、上档次。

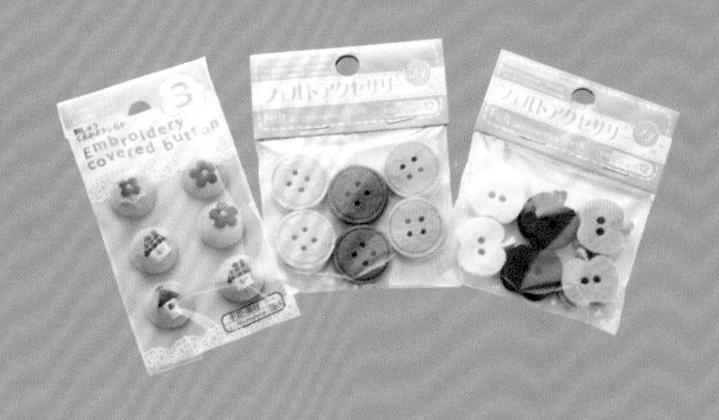

10 扣子

颜色、形状可爱的扣子，会给甜点包装增加意想不到的趣味感。

11 标签卡

可以用铁丝包装带串起来使用。

12 纸盒、吸油纸

在纸盒子里铺上吸油纸来衬托油性甜点，高端品位彰显无遗。

简单升级的小秘诀

正确地使用一些小道具，谁都可以做出美丽的包装。而且，比普通的蝴蝶结要时尚很多。

利用彩色纸条强调颜色

我们这里介绍的装饰甜点非常脆弱。为了增强耐冲击性、更好地保护甜点，建议使用彩色纸条。使用彩色纸条的时候，应该选择比甜点大一些的包装盒或包装袋。

悬挂标签增加店铺出售感觉

在用蝴蝶结或铁丝包装带打结之前，可以在上面悬挂一枚礼物专用标签。仅此一枚，礼物本身就会充满时尚的、从店铺中买回来的存在感。

通过扣子突出存在感

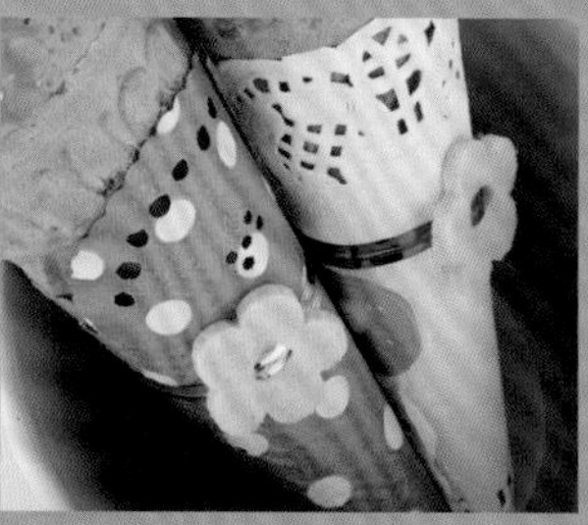

标签以外，扣子也能有效地突出甜点本身的存在感。无论是家里淘汰下来的扣子，还是专门从商店里买回来的扣子，都可以信手拈来地使用。在与蝴蝶结、包装带搭配颜色的时候，可要下些工夫。

蝴蝶结和心意不干胶彰显出原创品质

简单地把丝带绕一圈，然后用心意不干胶固定。别忘了把丝带边缘剪成光滑的细线，这也是美观装饰的秘诀所在。考虑点心本身的颜色，选择合适的颜色搭配出原创风格，这个过程也是非常有趣的。

包装纸中传递的时尚信息

装进蛋糕用的纸盒子里、再垫上吸油纸，原创作品就会摇身一变成为蛋糕店出品的甜点。也可以把吸油纸和蜡纸垫在一起使用哦。

包装道具都可以在网上买到

用来包装点心的袋子、盒子，不仅能在实体店中买到，还可以从网上入手。购买非常方便哦！

Part 2

适用于家庭聚会的时尚装饰

杯形蛋糕★装饰

时下流行的杯形蛋糕，也可以选择合适的颜色装点出典雅的氛围。
有妈妈聚餐或者茶友会的时候，可以尝试一下。

原型是这样的！

迷你杯形蛋糕

材料（10个份）

♥主体

市售的迷你杯形蛋糕 ——— 10个

♥奶油

白色

- 鲜奶油 ——— 50ml
- 砂糖 ——— 4g

黑色

- 鲜奶油 ——— 50ml
- 牛奶巧克力 ——— 18g

♥点缀小物

巧克力笔（棕色、白色）——— 各1支

草莓 ——— 5个

准备

♥需要准备两个裱花袋，分别装配星形裱花口。

做法

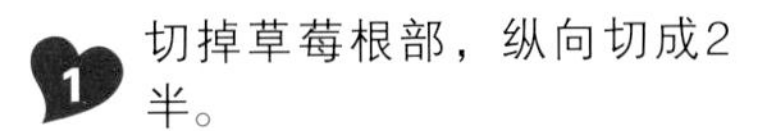

1. 切掉草莓根部，纵向切成2半。

2. 制作两种奶油。
白色：把砂糖加入到鲜奶油中，泡沫打至8分程度。
黑色：巧克力细细切碎，放入盆中垫在热水上加温。用刮板搅拌使其融化后，加入鲜奶油打至8分程度。

3. 把**2**分别装入裱花袋，在杯形蛋糕上挤出美观的形状。

4. 把巧克力笔浸入热水中，使巧克力融化。然后在烘焙纸上画出音符形状。放入冰箱内冷藏10分钟。

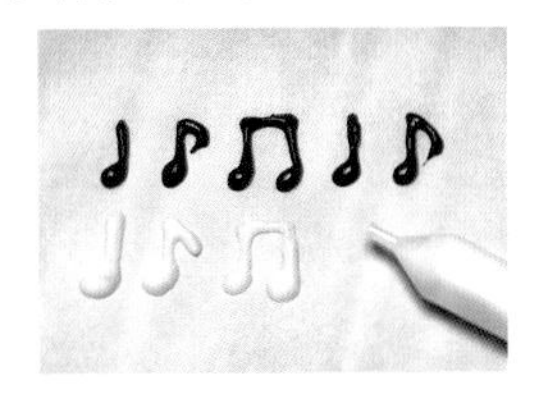

5. 把**1**的草莓点缀在**3**上，然后再用镊子把**4**的音符点缀上去。

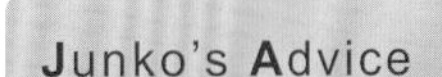

Junko's Advice

♥巧克力笔画出的音符比较容易折断，所以使用镊子点缀的时候要格外小心。

杯形蛋糕的浪漫★装饰

以粉色为基调的浪漫装点。
点缀用的心形像蕾丝一样精致。如果使用本书中的图样能很容易画出来。

草莓巧克力味道的奶油，既可爱又美味。

原型是这样的！

迷你杯形蛋糕

材料（4个份）

♥主体

市售的迷你杯形蛋糕——4个

♥奶油

鲜奶油——100ml

草莓巧克力——35g

♥点缀小物

巧克力笔（棕色、粉色）——各1支

糖片（心形）——适量

巧克力末（棕色、白色）——各1小茶匙

准备

♥需要在裱花袋上事先装配好星形裱花口。

做法

1 把两种颜色的巧克力笔浸入热水中，使巧克力融化。把下图的心形图样垫在烘焙纸下面，用巧克力笔画出同样的心形。然后放入冰箱冷却10分钟。

2 制作奶油。将巧克力细细切碎，放入盆中垫在热水上加温使其融化。加入鲜奶油搅拌至8分泡沫。

3 把**2**装入裱花袋中，在杯形蛋糕上挤出美观的形状。

4 把两种颜色的巧克力末撒在**3**上面，然后点缀上糖片。

5 将**1**的心形糖片点缀在**4**的最上面。

图样（1:1比例）

垫在烘焙纸下面，然后用巧克力笔沿着曲线画出心形。

Junko's Advice

♥心形的蕾丝糖片非常容易碎，所以从烘焙纸上取下的时候要格外小心。

♥如果在杯形蛋糕外面再裹一层蕾丝杯托，高雅格调会迅速提升。

卡仕达蛋糕的动物★装饰

面对小动物的可爱笑脸，无论是小朋友还是成年人都会忍俊不禁！
非常适合作为有小朋友在场的家庭聚会的甜点。

原型是这样的！

卡仕达蛋糕
彩色棉花糖

材料（各2个份）

♥**主体**

市售卡仕达蛋糕——10个

♥**奶油**

白色
- 鲜奶油——50ml
- 砂糖——1/2小茶匙

黄色
- 鲜奶油——50ml
- 砂糖——1/2小茶匙
- 食用色素（黄色）—少许

抹茶
- 鲜奶油——50ml
- 砂糖——1/2小茶匙
- 抹茶——1/4小茶匙

粉色
- 鲜奶油——50ml
- 砂糖——1/2小茶匙
- 食用色素（红色）—少许

巧克力
- 鲜奶油——50ml
- 巧克力奶——8g

♥**点缀小物**

- 巧克力笔（棕色）—2支
- 粉色棉花糖——2个
- 黄色棉花糖——1个

准备

♥需要准备5个裱花袋，分别装配圆形裱花口。

♥用少量的水将食用色素分别融化。

如果时间来不及全部都做，可以只选择自己喜欢的小动物哦！

做法

1 分别制作5种奶油。将**白色**、**黄色**、**抹茶**、**粉色**奶油的材料分别混合，打制成8分发的泡沫。

巧克力　将巧克力细细切碎，放入盆中垫在热水上加温使其融化。加入鲜奶油搅拌至8分发的泡沫。

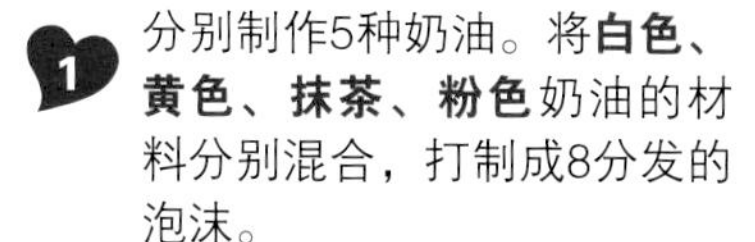

2 将**1**分别装入不同的裱花袋，在卡仕达蛋糕上挤出小动物的形状。

老虎　将黄色奶油挤成圆形，作为脸的基色。在鼻子的部位挤出两个圆形的白色奶油球。

青蛙　将抹茶奶油挤成圆形，作为脸的基色。然后在眼睛部位再挤出两个圆形的奶油球。

小狗　将白色奶油挤成圆形，作为脸的基色。用巧克力色奶油在鼻子部位挤出两个圆形奶油球，并在耳朵的部位挤出两个椭圆形的奶油球。

小猪　将粉色奶油挤成圆形，作为脸的基色。

小熊　将巧克力奶油挤成圆形，作为脸的基色。然后用白色奶油在鼻子部位挤出1个圆形奶油球。

3 把黄色的棉花糖切成三角形，放在老虎的耳朵位置。粉色的棉花糖片从中间切成两半，放在小猪的鼻子位置。剩余的棉花糖均切成4等分，放在其他小动物的耳朵位置。

4 把巧克力笔浸入热水中，巧克力融化后在烘焙纸上画出小熊耳朵的形状。然后放入冰箱冷藏10分钟。另在奶油上画出其他面部器官。小猪的鼻孔可以直接画在棉花糖上。全部凝固以后，安上小熊的耳朵。

杯形蛋糕垫纸

放入市售的杯形蛋糕垫纸中，看起来更美观！

Junko's Advice

♥用巧克力笔在烘焙纸上描绘花纹的效果比较美观。画完以后可以与烘焙纸一起放入冰箱内冷藏10分钟，然后用镊子轻轻取下放在奶油上即可。

蛋糕卷的火箭★装饰

把瓦夫饼干片装饰在蛋糕卷上，做出大受男孩子们欢迎的火箭蛋糕。

在巧克力色的奶油上，可以随意点缀些MM巧克力豆。效果很好哦！

蓬松的炫彩蛋糕卷。吸引男孩子们的目光！

原型是这样的！

牛奶鸡蛋蛋糕卷

奶油夹心饼干

迷你MM巧克力豆

材料（1个份）

♥主体

市售蛋糕卷 —— 1个

♥奶油

鲜奶油 —— 200ml

奶油巧克力 —— 70g

♥点缀小物

瓦夫饼干 —— 3枚

市售夹心饼干 —— 1枚

市售彩色巧克力豆 —— 20粒

巧克力笔（白色）— 1支

准备

♥需要在裱花袋上事先装配好星形裱花口。

做法

1 把蛋糕卷的一端切成三角形。要像用刀削一样进行切割，做出圆滑的火箭头形状。

2 制作奶油。将巧克力细细切碎，放入盆中垫在热水上加温，并使用刮板搅拌使其融化。加入鲜奶油搅拌至8分发。

3 将**2**薄薄地涂在**1**的表面。剩余的奶油放入裱花袋中，然后在蛋糕卷表面挤出满满的花纹。

4 把巧克力笔放在水中加热使其融化。然后在夹心饼干中间挤出一个圆球，再点缀上一个蓝色巧克力豆。放入冰箱冷藏10分钟。

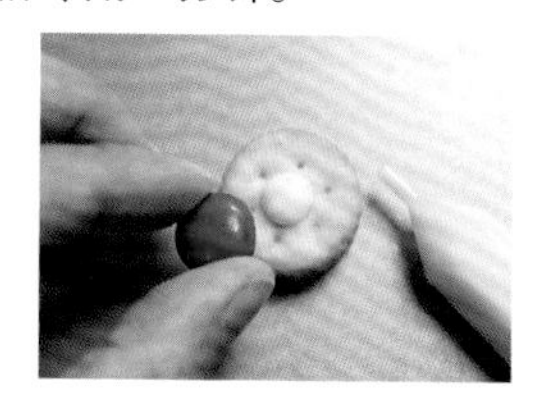

5 把瓦夫饼干切成火箭翅膀的样子。

6 在**3**上面继续点缀巧克力豆，然后把**4**的夹心饼干放在中上部。

7 在**6**两侧的适当位置安装上瓦夫翅膀。

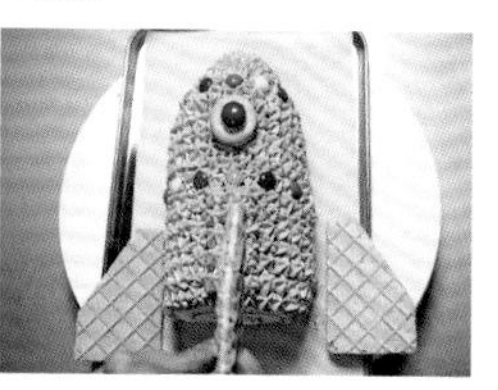

火箭底部是这样的。

Junko's Advice

♥因为需要使用大量奶油，所以建议使用甜度适中的蛋糕卷。

♥若奶油打发过度，会影响口感。所以打制到外观蓬松，用勺子盛起来时前端会出现略微弯曲的小犄角即可。

♥使用8mm的裱花口就能挤出纤细美观的花纹。

蛋糕卷的俄罗斯套娃★装饰

用酸甜可口的树莓酱制作出粉色的奶油。如果没有果酱可以用食用色素代替。用水融解以后加进鲜奶油中即可。

可爱的粉红系俄罗斯套娃形象。红脸蛋儿惹人爱！

原型是这样的！

香草口味甜蛋糕卷

迷你MM巧克力豆

材料（1个份）

♥主体

市售蛋糕卷 ———— 1个

♥奶油

白色

鲜奶油 ———— 80ml

砂糖 ———— 6g

粉色

鲜奶油 ———— 70ml

树莓酱（过滤）— 18g

♥点缀小物

市售的彩色巧克力豆

—红色18个、黄色3个、绿色2个

巧克力笔（棕色）—1支

准备

♥ 树莓果酱需提前过滤。

♥ 需要在两个裱花袋上分别装配星形裱花口。

做法

1 在蛋糕卷的中部削出凹陷，做成雪人的形状。然后用刀慢慢地削出套娃的雏形。

2 制作两种奶油。

白色 把砂糖加入到鲜奶油中，打至8分发的程度。

粉色 把过滤后的树莓酱加到鲜奶油中，打至8分发的程度。

3 把**2**的奶油薄薄地涂在**1**的表面，然后用牙签画出头发和围巾的线条。

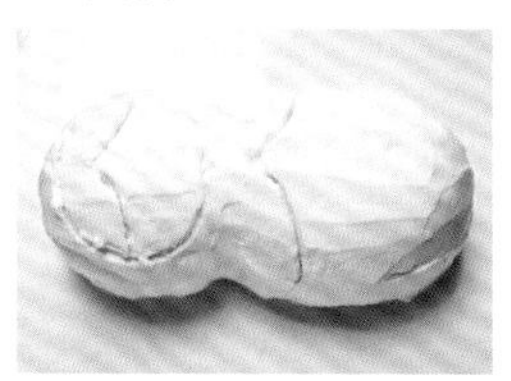

4 将**2**的粉色奶油与**3**中剩余的白色奶油分别装入裱花袋中。如图均匀填满**3**的表面。白色奶油用在脸和身体的部位，其他部位使用粉色奶油。别忘了在左右脸颊分别涂上粉色的红脸蛋儿。

5 把巧克力笔放在热水中融化，在**4**上画出眼睛、嘴巴和头发。

6 在**5**的身体和头部点缀出巧克力豆花瓣，找好颜色平衡，再把最后的绿色巧克力豆点缀上去。

从哪边看都立体感十足。

Junko's Advice

♥ 用巧克力笔在烘焙纸上描绘花纹的效果比较美观。画完以后可以与烘焙纸一起放入冰箱内冷藏10分钟，然后用镊子轻轻取下放在奶油上即可。

♥ 使用8mm的裱花口就能挤出纤细美观的花纹。

年轮蛋糕的小巴菲★装饰

一款由水果、奶油和年轮蛋糕组成的缤纷小巴菲。
一朵小巧的巧克力花朵更是增添了华丽色彩。

原型是这样的！

年轮蛋糕

材料（3个份）

♥**主体**

市售迷你年轮蛋糕——2个
奶油
　鲜奶油——100ml
　砂糖——8g
草莓——6个
蓝莓——15粒
黄桃（罐头）——2瓣

♥**点缀小物**

巧克力笔（粉色）——1支
彩色糖豆（银6mm）——4个
香草（如果有）——适量

准备

♥需要在裱花袋上事先装配好星形裱花口。

做法

1. 把巧克力笔放入热水中加温融化，然后在烘焙纸上画出花朵。在巧克力尚未凝固前把彩色糖豆点缀在花心位置后，放入冰箱冷却10分钟。

2. 把年轮蛋糕切成6等份。摘掉草莓的根蒂部，纵向切成2半。黄桃切成6等份。

3. 制作奶油。在鲜奶油中加入砂糖，打至8分程度。然后放入裱花袋中。

4. 在透明杯子中，按顺序均匀放入**2**的水果、年轮蛋糕和**3**的奶油。最后把**1**的花朵点缀在最上面。

Junko's Advice

♥为了更好地体现出水果、年轮蛋糕和鲜奶油的颜色，推荐使用透明的杯子。
♥照片中使用的是超市中销售的小口杯。

Junko流 可爱配色要领

装饰甜点的关键，是要使用色彩鲜艳但是看起来无毒无害的颜色。
我努力从一个美术设计师的视点去寻找合理的配色。
同时尽可能通过颜色增加甜点美味可口的视觉效果。

♥ 右图是一张色相环，就是按照色相的顺序把各种颜色排列成了一个圆圈。包装、建筑物、广告设计的时候均是以此为色调选择的基础。所以用来作为点心、点缀的配色参考也是非常有借鉴意义的。

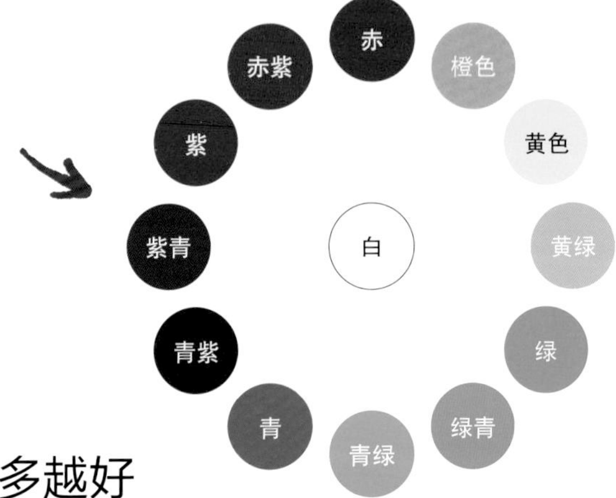

搭配的颜色不是越多越好

装饰时使用的颜色

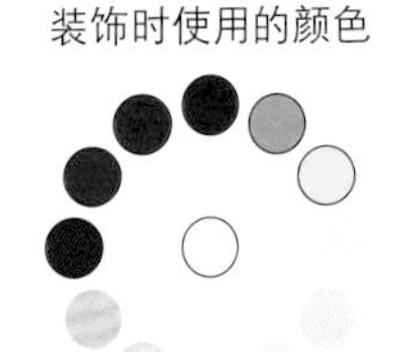

Good!

NG!

使用色相环中相邻的颜色，会给人带来稳重的印象。一款点心当中，使用相邻的5~6种颜色即可。如果使用过多的颜色，会给人留下混乱的印象。

NG!

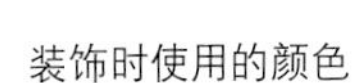

扁平的点缀小物和立体的彩色糖豆，质地不同。组合使用的时候，只要选择同色系、不同深浅的小物即可。高调地使用过多的颜色，会给人留下不协调的印象。

要领2 利用撞色吸引眼球

如果点心本身的颜色都是同色系的，就可以使用撞色点缀小物来让人眼前一亮。例如，用草莓来装点蛋糕时，多少会与奶油的白色相混淆，难以给人留下深刻的印象。这时候如果使用一点薄荷叶就会非常抢眼。

没有薄荷叶，但是想让草莓蛋糕看起来更美味，这个时候也可以使用非食物的绿色来搭配。例如边缘是绿色的盘子，绿色或蓝色的餐垫等。这样也会增添蛋糕的视觉效果。

要领3 利用同色系包装

选择色彩合适的包装丝带、标签、彩色纸条也是装饰甜点制作过程中必不可少的一个环节。这个步骤直接影响礼物给人留下的第一印象。Junko流的包装理论是：包装底色与点心的基色相同，然后选择与点缀小物相近的颜色来进行搭配。如果包装中使用了点心中没有的颜色，就会喧宾夺主给人以轻浮的印象。在装饰甜点中，比较常用粉色系和棕色系的蝴蝶结。

小点心的轻巧美味装饰

卡仕达花河童水果甜点★装饰

这款甜点来自英国，是一款由水果和卡仕达奶油酱、奶油组合而成的点心。
上面加上花河童饼干的想象，可爱加分。

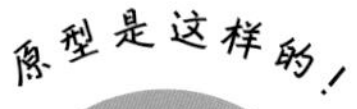

卡仕达蛋糕

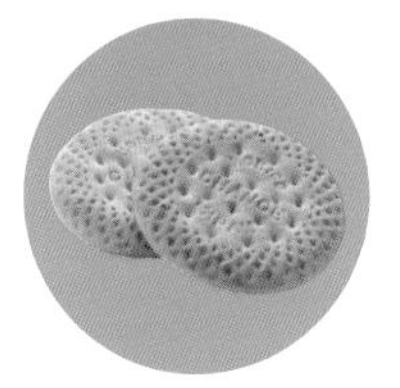
牛奶饼干

材料（2~3人份）

主体

- 市售卡仕达蛋糕——2块
- 卡仕达奶油酱
  - 蛋黄——1个
  - 牛奶——100ml
  - 砂糖——30g
  - 淀粉——1.5大茶匙
- 奶油
  - 鲜奶油——100ml
  - 砂糖——8g
- 草莓——5个
- 其他水果——适量

点缀小物

- 市售饼干——2枚
- 巧克力笔（棕色、粉色、黄色、绿色、橙色）——各1根
- 草莓——3个
- 蓝莓——10个
- 薄荷叶（如果有）—适量

做法

1. 制作卡通形象花河童饼干。把5种颜色的巧克力笔放入热水中加温融化，然后用绿色的巧克力笔在烘焙纸上画出2片头顶上的叶子。在冰箱内冷藏10分钟以后取出，再画出粉色的花瓣。再次放入冰箱冷藏10分钟。

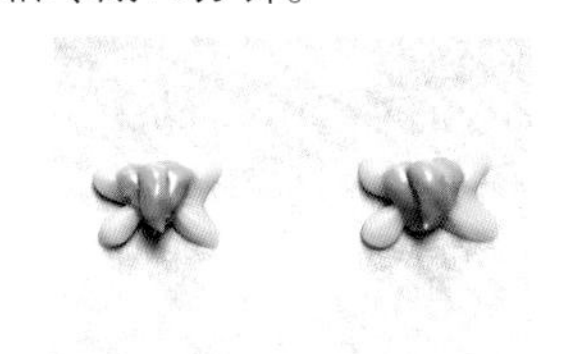

2. 用棕色的巧克力笔在奶油饼干上画出河童的五官。把**1**的小花点缀在河童饼干的上部。放入冰箱冷却10分钟。

3. 制作卡仕达酱。在耐热盆中放入牛奶、砂糖、淀粉，用打蛋器搅拌均匀。包上保鲜膜后放入电子微波炉（600W）加热1.5分钟。

4. 用打蛋器继续搅拌**3**的酱料。变得润滑以后加入蛋黄搅拌，然后再加入香草香精继续搅拌。

5. 把每块卡仕达蛋糕切成6等份。草莓取根蒂后纵向切成两半，其他水果切成适当大小的块状。

6. 把**5**的卡仕达蛋糕平放在透明容器底部，浇入**4**的卡仕达酱，然后在上面放上水果。

7. 制作奶油。把砂糖加入鲜奶油中，搅拌至6分发的程度。

8. 把**7**倒入**6**中，然后放上草莓、蓝莓。最后把**2**的花河童饼干和薄荷叶装饰在最上面。

Junko's Advice

- 粘住河童头顶的小花时，用哪个颜色的巧克力笔都可以。
- 做完以后，放入冰箱静置1小时，奶油和卡仕达蛋糕会融合得更紧密。美味提升。

迷你甜甜圈的花纹★装饰

让甜甜圈爱好者爱不释手的一款甜点！

可爱的豹纹令人耳目一新。这样的甜甜圈前所未有！

原型是这样的！

迷你甜甜圈

材料（10个份）

主体

市售迷你甜甜圈——10个

点缀小物

奶油巧克力——15g
白巧克力——30g
草莓巧克力——15g
巧克力笔（黄色）——1根

准备

- 用烘焙纸事先做出3个卷筒。

做法

1. 把3种巧克力分别细细切碎，然后分别放入小盆中垫在50~60℃的热水中加热融解。

2. **1**完全融解以后，取2个迷你甜甜圈蘸上牛奶巧克力，2个蘸上草莓巧克力。剩余的6个蘸上白巧克力。

3. 把**1**中除白巧克力以外的巧克力均放入到卷筒中。在蘸了牛奶巧克力甜甜圈和其中2个蘸了白巧克力的甜甜圈上面涂上草莓巧克力斜线。然后同样方法在1个蘸了白巧克力的甜甜圈上涂上牛奶巧克力的斜线。

4. 把巧克力笔放入热水中加热融化，然后在**3**中剩余的甜甜圈上画出圆点，稍微凝固后再在旁边用卷筒画出棕色的半圆形。

5. 放入冰箱冷藏30分钟。

Junko's Advice

- 画出豹纹花样的时候，每次涂完1种颜色以后，可以从上往下轻轻墩一下甜甜圈。这样花纹会更自然可爱。

棉花糖的棒棒糖风★装饰

用两种颜色的巧克力包裹之后，又用彩色糖豆点缀出点睛之笔。
如果选择咖啡口味的棉花糖，会有小小的优雅风哦！

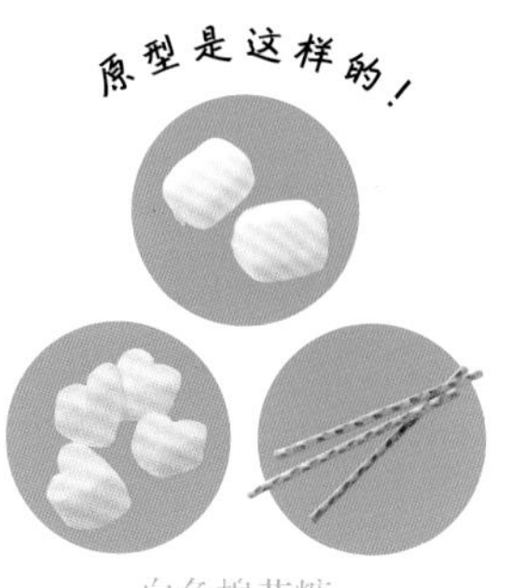

白色棉花糖
心形棉花糖
拇指饼干棒

材料（20个份）

主体

- 市售棉花糖 ——— 10个
- 市售心形棉花糖 —— 10个
- 拇指饼干棒 ——— 10根

点缀小物

- 奶油巧克力 ——— 40g
- 白巧克力 ——— 40g
- 草莓巧克力 ——— 40g
- 抹茶巧克力 ——— 40g
- 彩色糖豆（银色6mm、2mm）——— 各少量

做法

1. 用竹签在棉花糖中心穿一个洞。

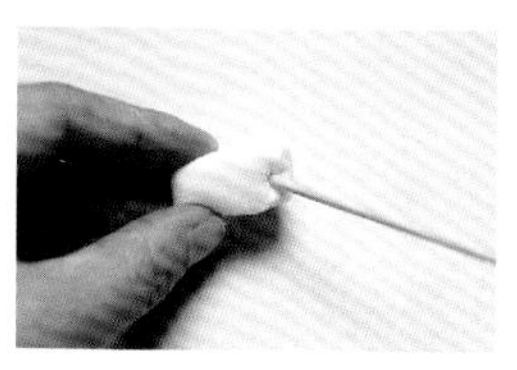

2. 饼干棒折成两段，在每个棉花糖上插一根。

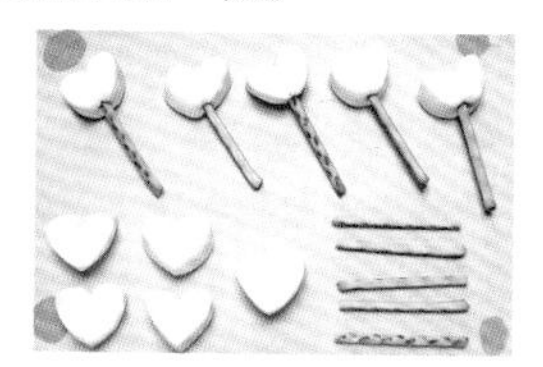

3. 把3种巧克力细细切碎，分别放入小盆中垫热水加热融化。

4. 在**3**完全融化以后，用勺子盛起来浇在**2**的表面。抖落多余的巧克力液，然后摆在铺了烘焙纸的垫子或盘子上。放入冰箱冷却10分钟。

5. 再次用不同颜色的巧克力液包裹住**4**的一半。抖落多余的巧克力液，趁巧克力尚未凝固前点缀上彩色糖豆。摆在铺了烘焙纸的垫子或盘子上，放入冰箱冷却30分钟。

Junko's Advice

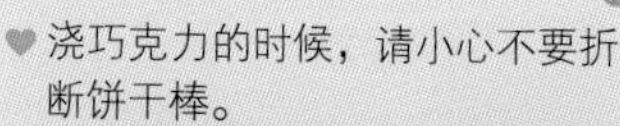

- 浇巧克力的时候，请小心不要折断饼干棒。
- 放入透明的杯子里精巧包装，就能成为别致的小礼物。

棉花糖的小猫爪★装饰

想象着猫咪的小爪子模样，做出的甜点。
柔软可爱的感觉是不是有点像小猫呢?

原型是这样的！

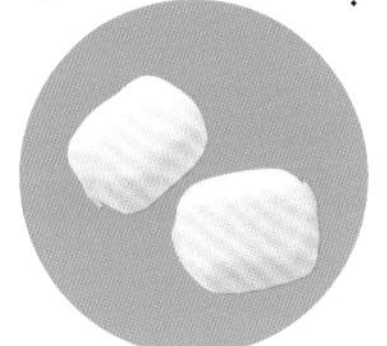

白色棉花糖

材料（10个份）

主体

市售棉花糖 ——— 10个

点缀小物

巧克力笔（棕色、粉色、黄色、绿色、蓝色）
——————— 各1根

彩色糖豆（银色5mm，粉色5mm，黄色5mm，绿色5mm，蓝色5mm）
——————— 各适量

做法

1. 把5种颜色的巧克力笔均放入热水中加热融化，然后在棉花糖上画出猫爪子的模样。

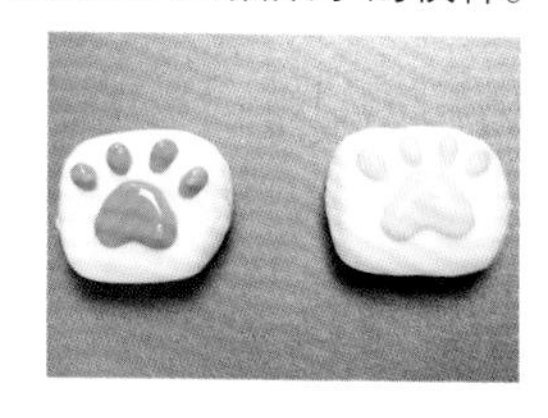

2. 趁**1**尚未凝固，把彩色糖豆一个一个地装饰上去。然后放入冰箱冷藏10分钟。

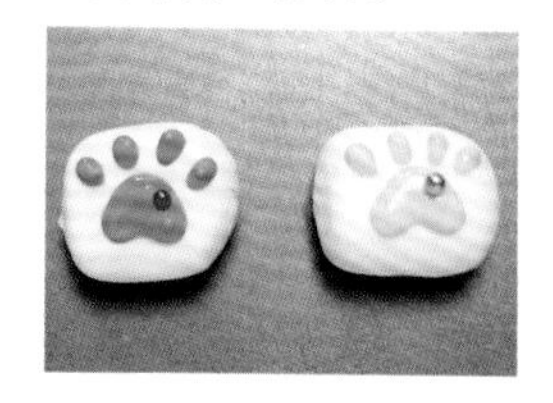

Junko's Advice

- 彩色糖豆的颜色若与巧克力笔的颜色相同，就会有稳重的效果。而颜色相异带来的色彩感应该也很可爱。

冰激凌杯和布丁的小动物★装饰

对于冰淇淋或布丁，也可以通过略微的装饰变得可爱。
原本平常的点心，摇身一变成为了让小朋友们欢呼雀跃的甜点。

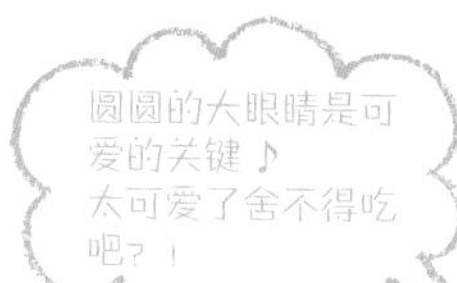

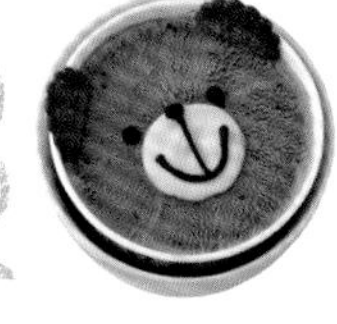

牛奶布丁的熊猫★装饰

原型是这样的！

牛奶布丁

奥利奥香草夹心饼干

材料（1个份）

♥主体

市售牛奶布丁——1个

♥点缀小物

市售迷你饼干（黑色）——2枚

巧克力笔（棕色、白色）——各1根

做法

1 把两种颜色的巧克力笔放入热水中加温融化。用棕色的巧克力笔在布丁上画出眼睛、鼻子和嘴。放入冰箱冷藏10分钟。

2 用白色巧克力笔在**1**的眼睛里画出亮光。再次放入冰箱冷藏10分钟。

3 把迷你饼干放在耳朵的位置上。

Junko's Advice

♥巧克力笔在烘焙纸上绘图的效果比较好。可以与烘焙纸一起放入冰箱冷却，取出后用镊子转移到布丁上。

冰激凌的小熊★装饰

原型是这样的！

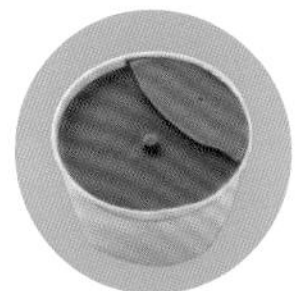

香草巧克力冰激凌杯
巧克力脆薄饼

材料（1个份）

♥主体

市售巧克力冰激凌杯——1个

♥点缀小物

市售迷你饼干（棕色）——2枚

巧克力笔（棕色、白色）——各1支

做法

1 把两种颜色的巧克力笔放入热水中加温融化。用白色巧克力笔在烘焙纸上画出嘴巴。放入冰箱冷藏10分钟。

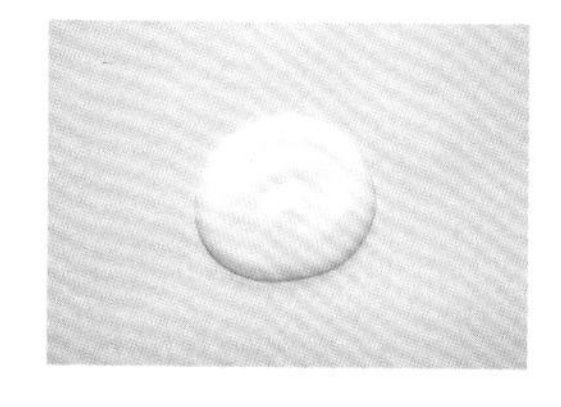

2 用棕色巧克力笔在**1**上画出鼻子和嘴唇线，然后再画出眼睛。放入冰箱冷藏10分钟。

3 用镊子把**2**转移到冰激凌上。

4 用刀切下脆薄饼的1/3，装饰在**3**的耳朵位置上。

♥也可以用巧克力笔直接在冰激凌上画。但因为冰激凌非常容易融化，所以推荐在烘焙纸上画好以后移过去。

小泡芙的章鱼小丸子★装饰

看起来是章鱼小丸子，一口咬下去竟然是巧克力口味的！
作为伴手礼或回赠礼送给对方，一定是会引来惊喜连连的趣味甜点。

奶油夹心小泡芙

材料（12个份）

♥主体

市售奶油夹心小泡芙 —— 12个

♥巧克力酱

巧克力 —— 30g
鲜奶油 —— 30ml

♥点缀小物

巧克力 —— 少许
抹茶 —— 1/2小茶匙

做法

1. 制作巧克力酱。把巧克力细细切碎。

2. 把鲜奶油放入盆中垫在热水上，用刮板搅拌使其均匀受热。加入**1**，继续用刮板搅拌使其融化。

3. 用刮皮器削出巧克力屑，作为上面的点缀小物。

4. 把小泡芙放在盘子中，浇上**2**的巧克力酱。

5. 把抹茶粉过筛撒在**4**上，然后把**3**装饰在最上面。

Junko's Advice

♥放在船形盘子中，再加上几根牙签，会更加生动的。

♥作为礼物赠送的时候，可以直接放在塑料餐盒中。

林林总总的点缀小物大公开！
Junko的厨房大揭秘！

装饰甜点、彩绘蛋糕卷等可爱的点心就是从这里孕育出来的。
这里介绍的用于收纳、制作的小物件，都是可以马上派上用场的。

这些都是从街边小店收罗回来的

100YEN店扫货

除了在网上收罗蝴蝶结、包装带、纽扣以外，还会经常到街边小店寻找灵感。这里有很多点缀小物和人造花，完全可以剪切开来分别使用。而且还有很多计量工具、刷子和蕾丝垫纸可供选择。

卡片和便签用于平整的地方

包装用品集合

每次看到可爱的蝴蝶结和包装带都会不由自主地买下来。经常使用的款式，最好收集在一个盒子里。立式存放可以免去找来找去的麻烦，非常方便。卡片和标签也都收纳在透明的盒子里。这些透明盒子也是从街边小店买回来的。

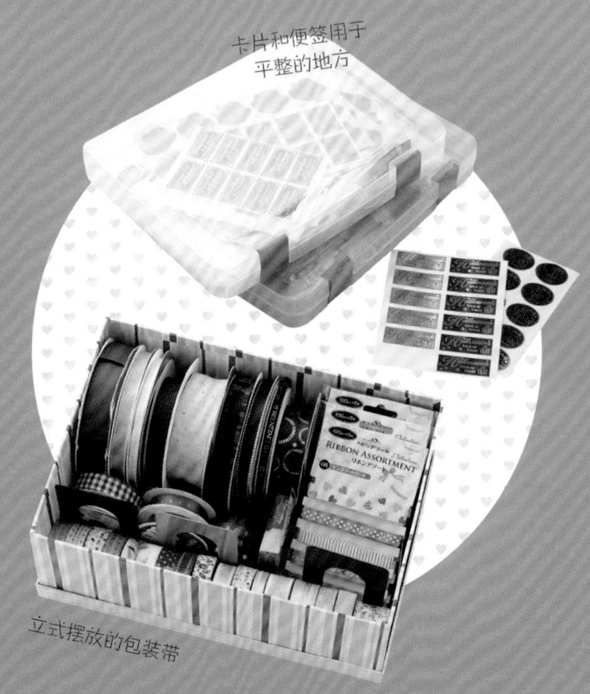

立式摆放的包装带

卓越的收纳能力！万能储物架

厨房里的透明玻璃瓶、装着小麦粉和细砂糖的瓶子都摆放在从网上买回来的储物架上。除了做点心的材料以外，干鱼片、海苔、麸皮等食材也都被收纳在这里。上层的底部铺了从街边小店买回来的毛巾，还在旁边用S钩挂了一些量杯和勺子。这样把调理工具都统一存放，会便于使用时随意取用。很喜欢！

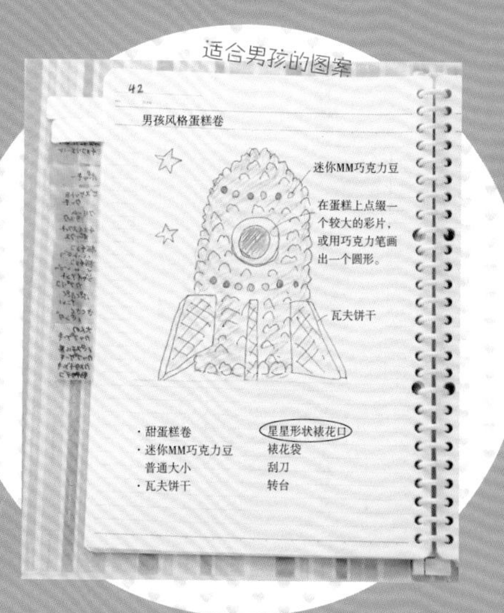

初次公开！点心设计图纸

看杂志或海报的时候，会突然想到一些点心的创意。这时候要先把脑海中的创意素描出来。在做一款头盔形蛋糕前，会先去卖场里面去看头盔的实物，也许还会带张头盔的海报回来（笑）。如果事先想好用什么样的素材做出什么样的形状或者考虑好如何配色，就能在稍后的动手操作时更顺畅一些。另外，还需要在开始工作前确认好必须要用到的材料和道具，必要的话可以带着清单去采购哦！

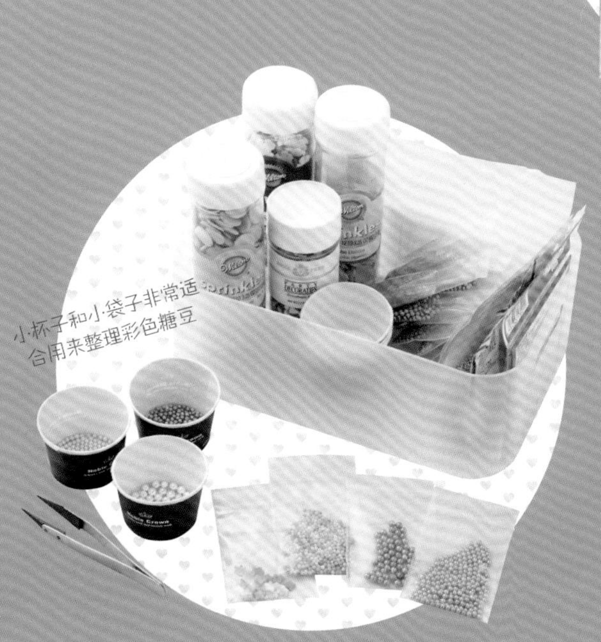

点缀小物的整理方法

彩色糖豆、亮粉、糖片等点缀小物也都被收纳在专用的小盒子里。开封后的彩色糖豆被重新归纳到有封口的袋子中。剩下的一点点亮粉也放在一样的袋子中保管。可以在盒子里装几个小纸杯，使用的时候从杯子里取出来。如果镊子也被统一放在盒子里保管，用的时候就不会找不到了。

特别的日子也胸有成竹！真正的蛋糕风装饰

小泡芙的生日蛋糕★装饰

细蛋糕卷遇到蜡烛，立即变身为生日蛋糕。
蜡烛换成巧克力片，还可以变成圣诞节蛋糕。

原型是这样的！

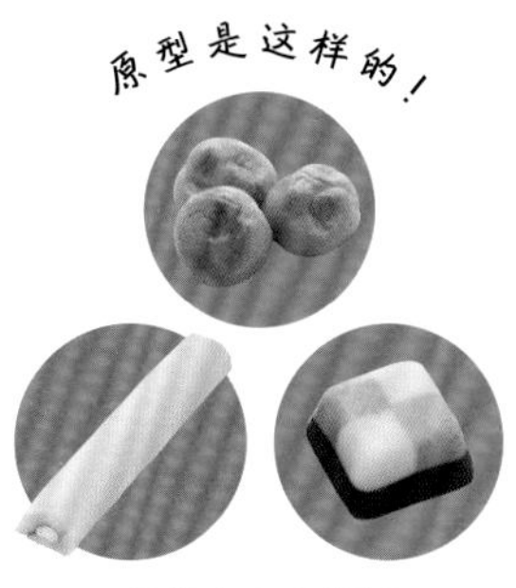

奶油夹心小泡芙
细蛋糕卷
草莓&白巧克力

材料（1个份）

♥主体

市售细蛋糕卷——1根
市售奶油夹心小泡芙——12个

♥奶油

鲜奶油——200ml
砂糖——18g

♥点缀小物

草莓——10个
蓝莓——10粒
草莓巧克力——6个
巧克力笔（粉色、棕色）——各1支
生日用巧克力片——1枚
薄荷叶（如果有）—适量

准备

♥需要在裱花袋上事先装配好星形裱花口。

做法

1. 把细蛋糕卷按照不同的长度切成6段。去掉草莓的根蒂，将其中4个纵向切成两半。

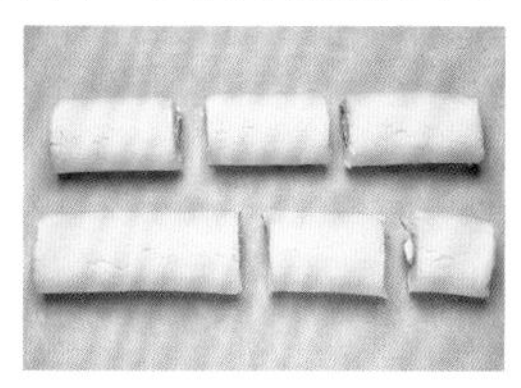

2. 制作礼品盒形的巧克力。把粉色巧克力笔放在热水中加温融化后，在巧克力上画出十字。放入冰箱冷却10分钟，再在上面画出蝴蝶结的样子。然后再放入冰箱冷却10分钟。

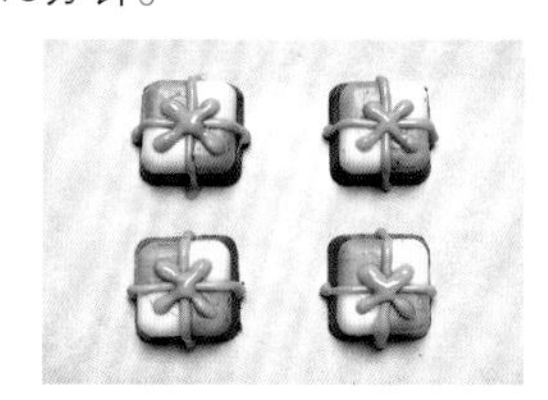

3. 制作两种奶油。先将砂糖加入鲜奶油中，打至6分发的程度。取其中的3/4继续打至8分发的程度后，装入裱花袋中。

4. 把蛋糕卷摆在盘子中间。

5. 把**3**的8分发的奶油挤在**4**的周围，然后把小泡芙围绕在周边，固定。然后把奶油美观地挤在蛋糕卷和泡芙中间，填满缝隙。

6. 用勺子把6分发的奶油盛到蛋糕卷上面，然后点缀上草莓。

7. 用棕色的巧克力笔在巧克力片上写上名字，点缀在**6**上。最后把切成两半的草莓、蓝莓、**2**的材料、薄荷叶装饰上去。

Junko's Advice

♥为了防止蛋糕卷倒下来，要把周围的小泡芙和奶油牢牢地粘在一起。

♥放在蛋糕卷上面的鲜奶油，打制的时候应该缓慢一点儿。

芝士蛋糕的手提包★装饰

把点心装扮成手提包的浪漫装饰。
幽香芝士和酸甜树莓酱的组合简直出类拔萃。

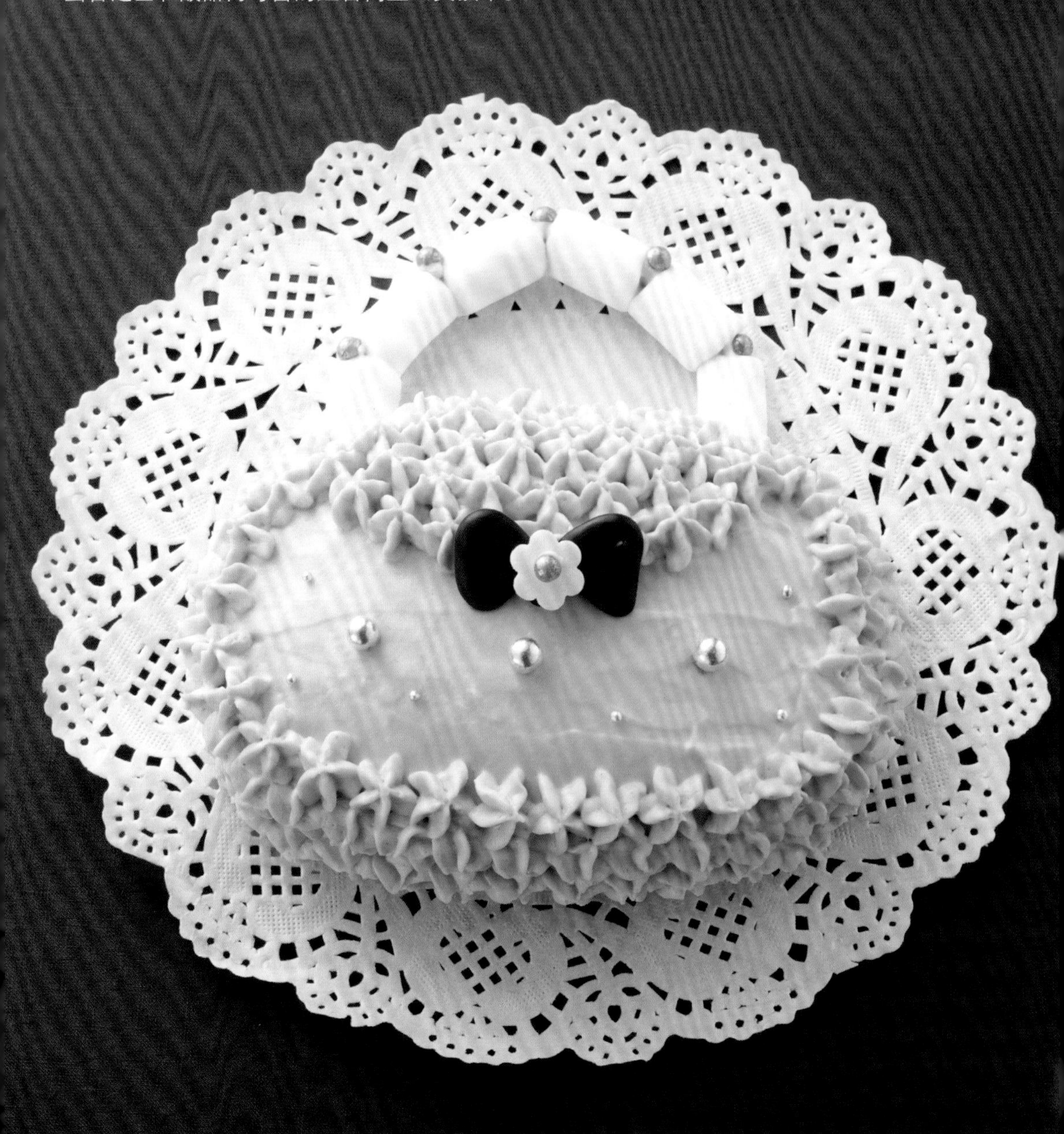

原型是这样的！

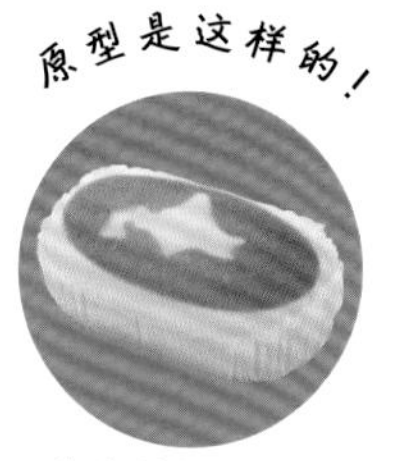
北海道芝士蛋糕

材料（1个份）

♥ **主体**

市售奶酪蛋糕——1个

♥ **奶油**

鲜奶油——100ml
树莓果酱（过滤）——25g
树莓果酱——10g

♥ **点缀小物**

迷你棉花糖——6个
巧克力笔（白色、茶色）——各1根
彩色糖豆（银色6mm、粉色6mm）——各适量
糖片（花朵）——1个

准备

- 需要在裱花袋上事先装配好星形裱花口。
- 事先需要过滤树莓果酱。

做法

1. 把两种颜色的巧克力笔均放入热水加温融化。用白色巧克力笔把迷你棉花糖连接在一起，做成手提包把手。然后在棉花糖的连接间隙处点缀上彩色糖豆。

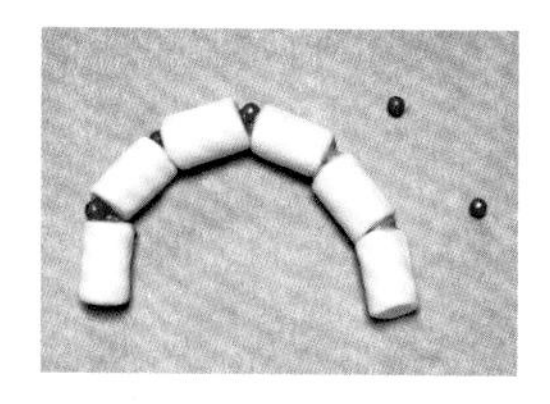

2. 在糖片的正中间用巧克力笔粘上一颗粉色的彩色糖豆。放入冰箱冷藏10分钟。

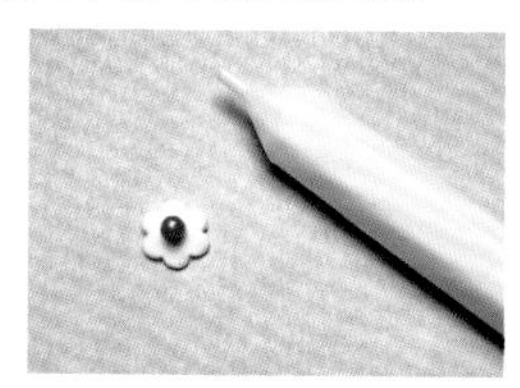

3. 用棕色巧克力笔在烘焙纸上画出巧克力蝴蝶结，趁还没有完全凝固前把**2**放到上面。再次放入冰箱冷藏10分钟。

4. 把奶酪蛋糕切成两半，中间夹上树莓果酱。

5. 制作奶油。把过滤后的树莓果酱加到鲜奶油中，打至8分发的程度。

6. 把**5**薄薄地涂在**4**的表面。

7. 剩余的奶油放入裱花袋中，在**6**的轮廓处以及手提包盖部挤出外观的花样。

8. 把**1**的把手安在**7**上，然后把**3**的蝴蝶结点缀上去。最后找好比例点缀一些银色的糖豆。

Junko's Advice

- 中间夹心的果酱可以选择任意一款自己喜欢的。夹在奶油中的果酱也可以由水溶的红色食用色素代替。
- 使用8mm的裱花口就能挤出纤细美观的花纹。

戚风蛋糕的圣诞★装饰

只有环形的戚风蛋糕才能做出这款甜点。
可爱的环形蛋糕被红草莓、绿抹茶环绕其中，
圣诞气息浓郁。必然会成为圣诞晚会的主角。

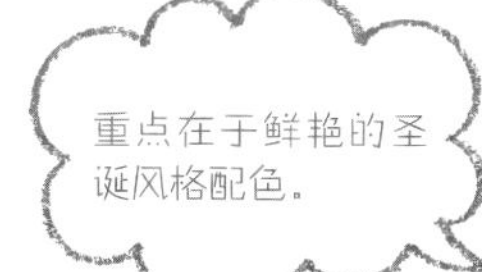

原型是这样的！

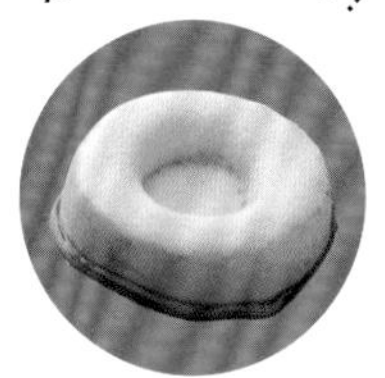

蛋香戚风蛋糕

材料（直径约15cm的蛋糕1个份）

♥主体

市售环形蛋糕——1个

♥奶油

鲜奶油——150ml
砂糖——14g

♥点缀小物

草莓——7~10个
抹茶巧克力——20g
糖粉——少许
圣诞风糖片——1个
圣诞风插件——1个

做法

1. 去掉草莓的根蒂，然后纵向切成两半。将其中5个用圆形蛋糕模型扣成小圆形，或用菜刀切圆亦可。稍后用来作装饰。

2. 用刮皮器削出抹茶巧克力屑。

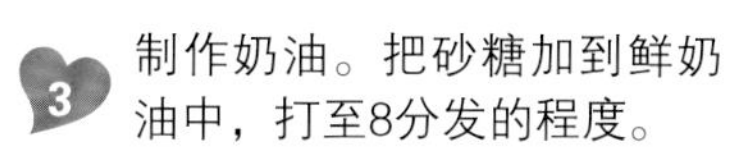

3. 制作奶油。把砂糖加到鲜奶油中，打至8分发的程度。

4. 把蛋糕片成两半，在下半部分蛋糕上面涂满**3**，再点缀上**1**的草莓。

5. 再次把**3**的奶油涂在**4**上，然后把上半部分蛋糕放在上面。

6. 在**5**上面涂满**3**的奶油，然后撒上**2**的抹茶巧克力。

7. 在**6**的中孔和侧面用茶滤撒上糖粉。然后把**1**的小圆草莓块和圣诞风糖片、插件装饰在最上面。

Junko's Advice

♥把蛋糕切成两半的时候，可以先从蛋糕侧面插上4根竹签。然后沿着竹签下刀切割，能切得比较美观。

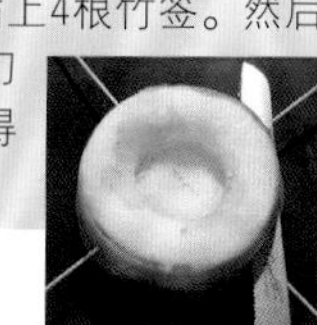

蛋糕卷的情人节★装饰

爱心满满的可爱花样蛋糕。
用糖粉在巧克力蛋糕表面绘出的花纹
非常重要。

外观和口感都非常甜蜜。一定要在情人节制作。

原型是这样的！

鸡蛋牛奶蛋糕卷（巧克力口味）

材料（1个份）

♥主体

市售巧克力口味蛋糕卷 ———— 1个

♥奶油

鲜奶油 ———— 50ml

砂糖 ———— 4g

♥点缀小物

巧克力笔（棕色、粉色、白色）———— 各1支

糖粉 ———— 1大茶匙

草莓 ———— 2个

薄荷叶（如果有）— 适量

准备

- ♥需要在裱花袋上装配好斜切面裱花口。
- ♥准备1张蕾丝花纹纸。

做法

1. 去掉草莓的根蒂，然后纵向切成两半。然后在上面三角形的地方略作修正，切出心形模样。

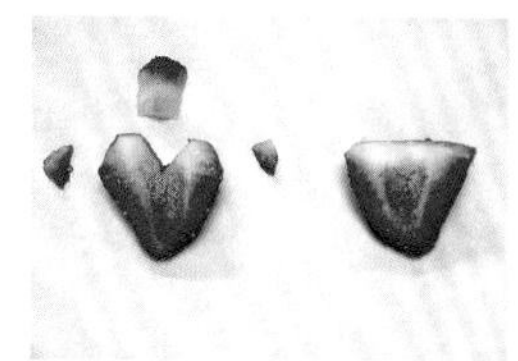

2. 把3种颜色的巧克力笔放入热水中加温融化。然后在烘焙纸上画出心形。放入冰箱冷藏10分钟。

3. 把蕾丝花纹纸放在蛋糕卷上面，用茶滤在上面撒上糖粉。

4. 制作奶油。把砂糖加到鲜奶油中，打至8分发的程度。然后装入到裱花袋中。

5. 把**4**美观地挤在**3**的上面。

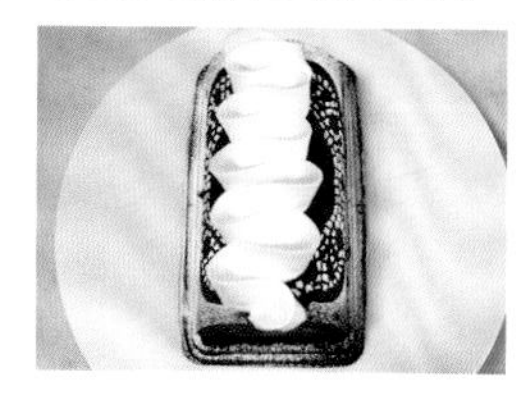

6. 最后把**1**的草莓和**2**的糖片装饰上去。还可以点缀些薄荷叶。

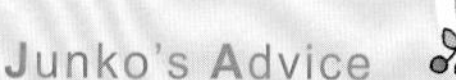

♥搭配上心意卡片，宛如甜点师出品的高档蛋糕呢。
应该把蕾丝花纹纸紧密地贴合在蛋糕卷表面。两端用牙签等固定住，花纹才能清晰美观。

戚风蛋糕的女孩节★装饰

即使奶油涂抹得不那么均匀，也会被巧克力屑挡在下面。
再加上可爱糖片，谁都可以出色完成！

把朋友请到家里，
来一场女孩节Party吧！

原型是这样的！

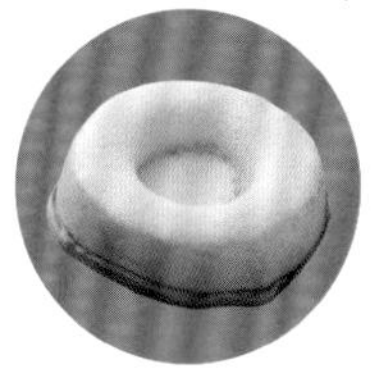

蛋香戚风蛋糕

材料（直径约15cm的蛋糕1个份）

♥主体

市售环形蛋糕——1个

♥奶油

鲜奶油——200ml
砂糖——18g

♥点缀小物

草莓巧克力——40g
女孩节糖片——1组
女孩节巧克力片——1枚
草莓——10个
猕猴桃——1/2个
黄桃（罐头）——1瓣
薄荷叶（如果有）—适量

做法

1 去掉草莓的根蒂，将其中4个纵向3等分、其他6个2等分。黄桃切成薄片，猕猴桃去皮切成一口大的小块。

2 用刮皮器削出草莓巧克力屑。

3 制作奶油。把砂糖加到鲜奶油中，打至8分发的程度。

4 把蛋糕切成两半，在下半部分蛋糕上面涂满**3**，再点缀上**1**的草莓、黄桃和猕猴桃。

5 再次把**3**的奶油涂在**4**上，然后把上半部分蛋糕放在上面。

6 在**5**上面涂满**3**的奶油，然后撒上**2**的草莓巧克力。

7 在**6**的中孔中填满黄桃和猕猴桃。

8 把剩余的**6**个草莓美观地点缀在**7**的正中间。然后把女孩节糖片和巧克力片点缀在上面，如果有还可以装饰一些薄荷叶。

Junko's Advice

♥没有薄荷叶时，可用边缘是绿色的盘子，或者绿色、蓝色的餐垫等来提高甜点的精致度。

蛋糕卷的白色情人节★装饰

切开的蛋糕卷被装饰在吸油纸和奶油之间。
温柔的粉色奶油中洋溢出树莓的清香。

原型是这样的！

牛奶鸡蛋蛋糕卷

材料（8个份）

♥**主体**

市售蛋糕卷 ———— 1个

♥**奶油**

鲜奶油 ———— 200ml

树莓果酱（过滤）— 50g

♥**点缀小物**

巧克力笔（粉色、白色）

———— 各1支

草莓 ———— 8个

香草叶（如果有）— 适量

准备

♥ 需要在裱花袋上装配如图所示的裱花口。

♥ 树莓果酱需要事前过滤。

做法

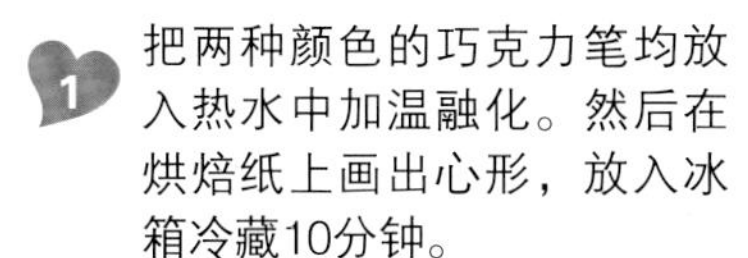

1 把两种颜色的巧克力笔均放入热水中加温融化。然后在烘焙纸上画出心形，放入冰箱冷藏10分钟。

2 去掉草莓的根蒂，纵向切成两半。

3 制作奶油。把过滤后的树莓果酱加到鲜奶油中，打至8分发的程度。然后装入裱花袋中。

4 把蛋糕卷的两端去掉，切成8等份。然后放入垫了吸油纸的纸盒中。

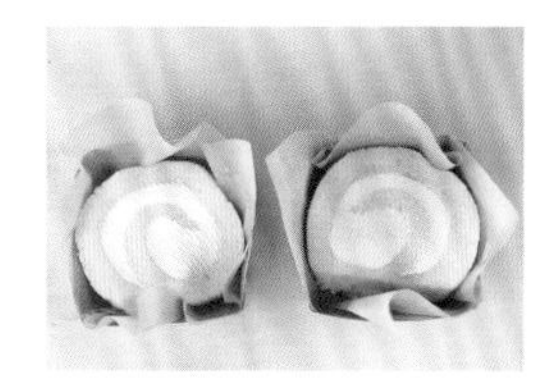

5 在**4**上面分别放上3个草莓，美观地挤上**3**的奶油。

6 把**1**的心形糖片点缀在**5**上，如果有再装饰些香草叶。

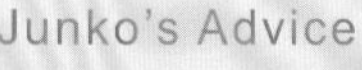

Junko's Advice

♥ 没有纸盒和吸油纸也没有关系，只是放在纸盒和吸油纸上面看起来更华丽一些。

♥ 搭配上心意卡片，宛如甜点师出品的高档蛋糕呢。

杯形蛋糕的康乃馨★装饰

粉色的奶油被挤成褶皱花型，演绎着康乃馨的柔情。
非常适合在母亲节向妈妈表达爱意，是一款非常优美的杯形点心。

原型是这样的！

蜂蜜蛋糕

材料（4个份）

♥主体

- 市售杯形蛋糕——4个
- 细砂糖——10g
- 热水——20ml
- 水果酒——2小茶匙

♥奶油

- 鲜奶油——100ml
- 砂糖——6g
- 食用色素（红）——少许

♥点缀小物

- 草莓——4个
- 香草叶（如果有）—适量

准备

- ♥需要在裱花袋上装配花形裱花口。
- ♥需要提前用水稀释食用色素。

做法

1. 制作糖浆。用适量的水溶解细砂糖，冷却后加入水果酒。

2. 把**1**的糖浆涂在市售的杯形蛋糕表面。

3. 制作奶油。把细砂糖和水溶后的食用色素加到鲜奶油中，打至充分坚挺的程度，然后放入裱花袋中。

4. 把**3**的奶油从**2**的中心部开始，沿着画圆的方式挤出自然褶皱。

5. 把草莓根蒂去掉后点缀在**4**上，如果有再装饰些香草叶。

Junko's Advice

- ♥在挤奶油的时候，右手小幅度地移动裱花口、左手慢慢旋转杯形蛋糕。从中心部开始向外挤。
- ♥搭配上心意卡片，宛如甜点师出品的高档蛋糕呢。

戚风蛋糕的儿童节★装饰

作为儿童节的礼物，一款头盔形的蛋糕是不是很赞?
用巧克力笔做出头盔的犄角，其他工作在转瞬之间完成。

原型是这样的！

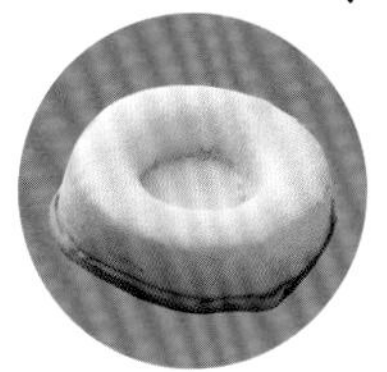

蛋香戚风蛋糕

材料（直径约15cm的蛋糕1个份）

♥**主体**

市售环形蛋糕——1个

♥**奶油**

鲜奶油——200ml
牛奶巧克力——70g

♥**点缀小物**

巧克力笔（棕色）—2支
可可粉——适量
草莓——15个
蓝莓——10粒
薄荷叶（如果有）—适量

准备

♥需要在裱花袋上事先装配好星形裱花口。

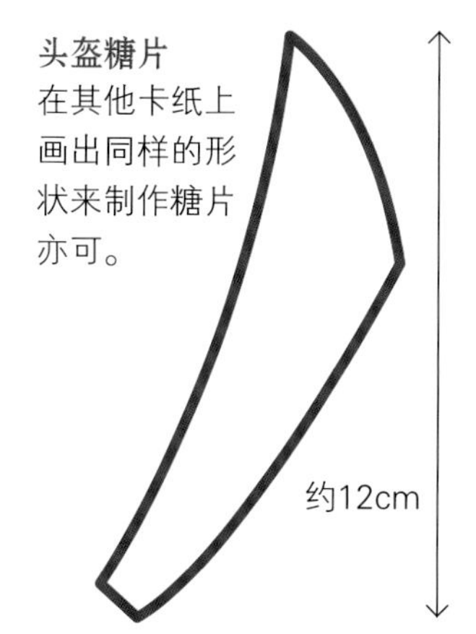

头盔糖片
在其他卡纸上画出同样的形状来制作糖片亦可。

做法

1 巧克力笔放入热水中加温融化。把烘焙纸垫在头盔糖片纸型上，画出头盔糖片后，放入冰箱冷藏10分钟。

2 去掉草莓的根蒂，将其中10个切成两半。

3 制作奶油。把巧克力细细切碎，放入盆中垫在热水上加温。用刮板搅拌至充分融化后，倒入鲜奶油中，打至8分发的程度。

4 把蛋糕切成两半。在下半部分表面涂满**3**的奶油，然后把切成两半的草莓摆在上面。

5 继续在**4**表面涂满奶油，然后把上半部分蛋糕叠加上去。

6 在**5**的中孔中填充满**3**的奶油和**2**中切成两半的草莓。

7 把奶油涂在**6**的表面，然后用抹刀将表面整理平滑。

8 用茶滤将可可粉均匀撒在**7**的表面。倾斜蛋糕，使可可粉也能均匀撒到蛋糕侧面。

9 把**7**中剩余的奶油装入裱花袋中，在**8**表面挤出6枚云状花纹。

10 把5个草莓和蓝莓美观地点缀在**9**的正中间。插上**1**的糖片，如果有还可以装饰些薄荷叶。

Junko's Advice

♥巧克力笔画出的糖片容易破碎，请尽量描绘得厚实一点。

小泡芙的万圣节塔★装饰

小泡芙们堆在一起，就成了一座豪华的宝塔。需要做的只是要把市售的小泡芙堆在一起，出人意料地简单易行。

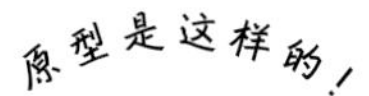

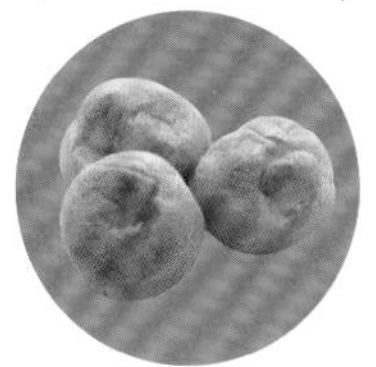

迷你小泡芙

材料（1个份）

♥主体

市售苞芙 ———— 19个

♥奶油

鲜奶油 ———— 180ml

砂糖 ———— 16g

♥巧克力酱

牛奶巧克力 ———— 40g

鲜奶油 ———— 20ml

牛奶 ———— 20ml

♥点缀小物

万圣节款式饼干 —— 10枚

草莓 ———— 5个

薄荷叶（如果有）— 适量

准备

♥需要在裱花袋上事先装配好圆形裱花口。

做法

1. 制作奶油。把砂糖加入到鲜奶油中，打至8分发的程度。然后装入裱花袋中。

2. 把**1**挤在盘子底部，然后放7个小泡芙固定好。

3. 在**2**的上面挤一些**1**的奶油，然后再放上7个小泡芙固定好。上面挤出4团奶油。

4. 在**3**的上面再放4个小泡芙，挤上奶油。然后把最后1个小泡芙放上去。

5. 在**4**的小泡芙间隙中挤满**1**的奶油。

6. 制作巧克力酱。把巧克力细细切碎，放入盆中。

7. 锅中加入牛奶和鲜奶油，马上就要沸腾的时候把**6**倒进去。搅拌使其融解。

8. 把**7**的巧克力酱浇在**5**的上面。

9. 去掉草莓的根蒂，纵向切成两半。

10. 把草莓、装饰饼干等点缀在**8**上，如果有再装饰些薄荷叶。

Junko's Advice

♥点缀上喜欢的装饰饼干，能让成品的感觉更加纯粹。

装饰★甜点做成的糖果屋

从小就憧憬的糖果屋。
在纪念日的时候尝试做一下如何?

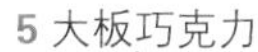

右侧

左侧

材料（1个份）

主体

- 瓦夫饼干 —— 约80枚
- 巧克力饼干 —— 1枚
- 香草夹心饼干 —— 4枚
- 圆形巧克力饼干 —— 1枚
- 大板巧克力 —— 2枚
- 蛋卷 —— 4根
- 方形饼干 —— 约30枚
- 迷你曲奇 —— 6枚
- 拇指巧克力棒 —— 8根
- 草莓形巧克力 —— 2个
- 蘑菇形巧克力 —— 5个
- 糖片 —— 适量
- 彩色糖豆 —— 适量

巧克力酱

- 草莓巧克力 —— 100g
- 鲜奶油 —— 50ml

黑色奶油

- 蛋白 —— 20g
- 糖粉 —— 90g
- 可可粉 —— 10g

1 牛奶夹心瓦夫饼干

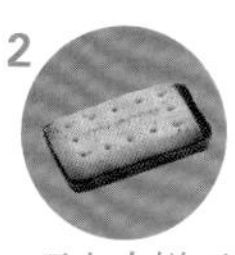
2 巧克力饼干

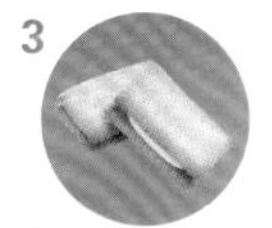
3 香草夹心饼干

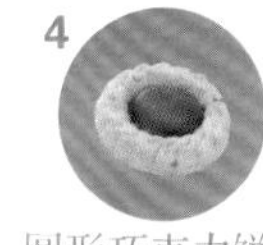
4 圆形巧克力饼干

5 大板巧克力

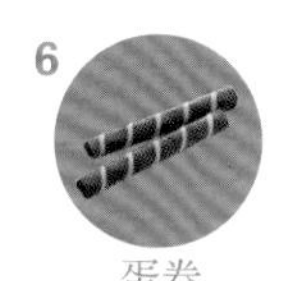
6 蛋卷

7 方形饼干

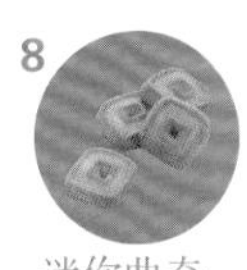
8 迷你曲奇

9 拇指巧克力棒

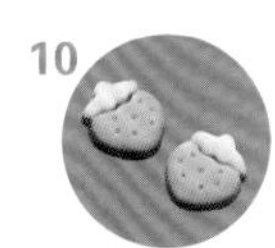
10 草莓形巧克力

11 蘑菇形巧克力

白、彩色奶油

- 蛋白 —— 30g
- 糖粉 —— 180g
- 柠檬汁 —— 2~3滴
- 使用色素（红色、蓝色）— 各少量

准备

- 事先用烘焙纸制作5个卷筒。
- 事先用水溶解食用色素。
- 需要事先准备2个裱花袋，并分别装配好星形裱花口。

做法

制作院子和墙壁

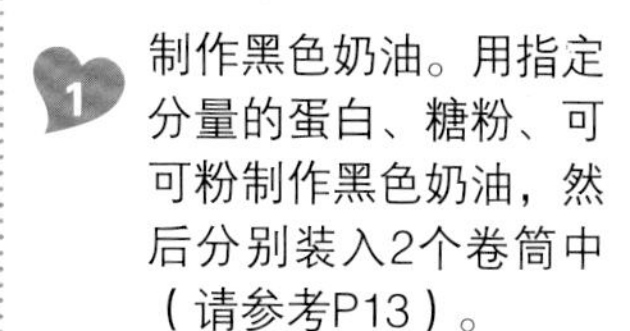

1. 制作黑色奶油。用指定分量的蛋白、糖粉、可可粉制作黑色奶油，然后分别装入2个卷筒中（请参考P13）。

2. 制作1个院子和8面墙壁。用瓦夫饼干制作出26cm的四方形院子地面。然后按照P93的型纸形状（应比型纸略大一些）分别做出4面**A**型和**B**型的墙壁。然后用**1**的奶油组合在一起。

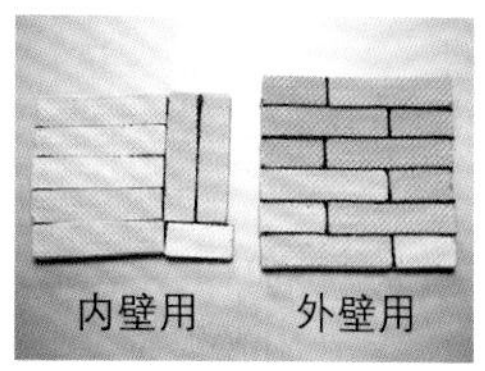

照片左侧、内壁用的瓦夫饼干可以按照容易组合的方式排列。
照片右侧、外壁用的瓦夫饼干应该排列出砖头的模样。

3. 等**2**凝固以后，沿着P93的型纸整齐切割。然后用剩余的**1**中的奶油把内壁和外壁粘在一起。

花园

门

窗户

屋顶

点缀门和窗户

  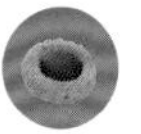

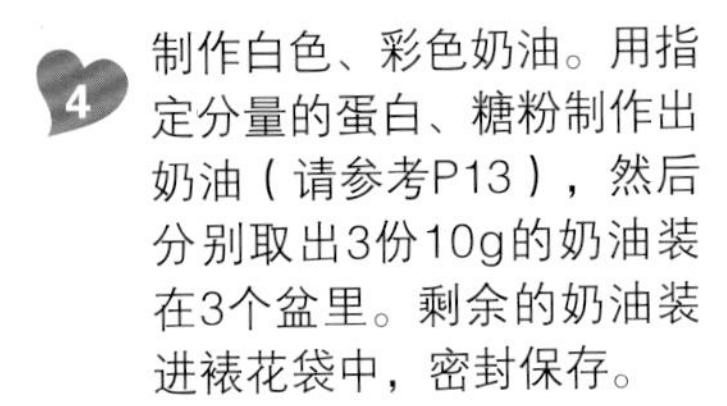

4 制作白色、彩色奶油。用指定分量的蛋白、糖粉制作出奶油（请参考P13），然后分别取出3份10g的奶油装在3个盆里。剩余的奶油装进裱花袋中，密封保存。

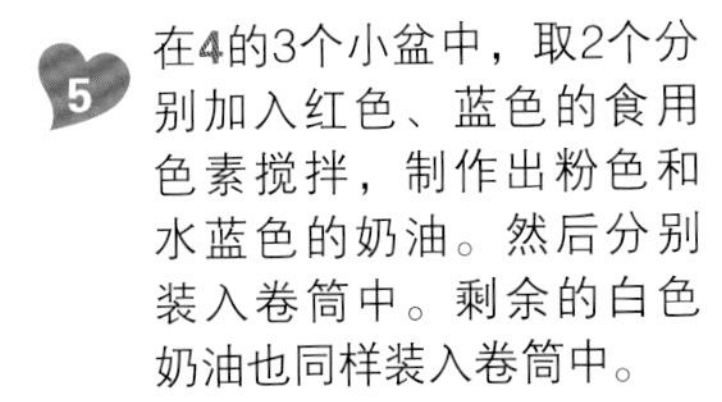

5 在**4**的3个小盆中，取2个分别加入红色、蓝色的食用色素搅拌，制作出粉色和水蓝色的奶油。然后分别装入卷筒中。剩余的白色奶油也同样装入卷筒中。

6 用**5**的奶油在巧克力饼干和奶油夹心饼干上画出漂亮的花纹。趁还没凝固，把彩色糖豆点缀在上面。

7 在圆形巧克力饼干上挤一些粘贴用奶油，把糖片点缀在上面。

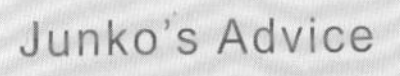

Junko's Advice

- 用于奶油制作中的糖粉应该比指定分量多准备一些。如果奶油比较稀，可以再加糖粉调整黏稠度。
- 用于粘贴用的黑、白奶油，应该比用于装饰的奶油打制得更紧致一些。而且在挤出粘贴用奶油的时候，分量一定要充分，才能组合得足够结实。

点缀屋顶

8 用指定分量的鲜奶油、巧克力制作巧克力酱，然后装入裱花袋中（请参考P13）。

9 把**8**的巧克力酱美观地挤在大板巧克力上。

10 继续把糖片、彩色糖豆点缀在**9**上，放入冰箱冷藏30分钟。

组合墙壁

11 用粘贴用奶油把**6**、**7**的门窗粘贴在**3**的墙壁上。然后在门周围挤一些**8**的巧克力酱。

12 用粘贴用奶油把**11**的4枚墙壁饼干组合在一起。凝固以后把粘贴用奶油挤在院子用饼干上，按直角组合墙壁用饼干。

13 在接合角处挤一些粘贴用奶油，把蛋卷固定在上面。

组装屋顶、点缀院子

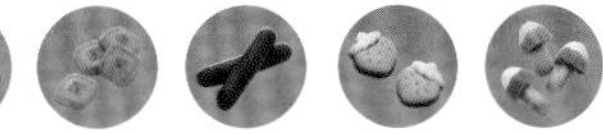

14 在院子地面用饼干铺在周围，涂上黏合用的奶油，然后把四方形的饼干都粘在一起。

15 在墙壁用的饼干上也同样涂抹奶油，与**10**的屋顶粘在一起。

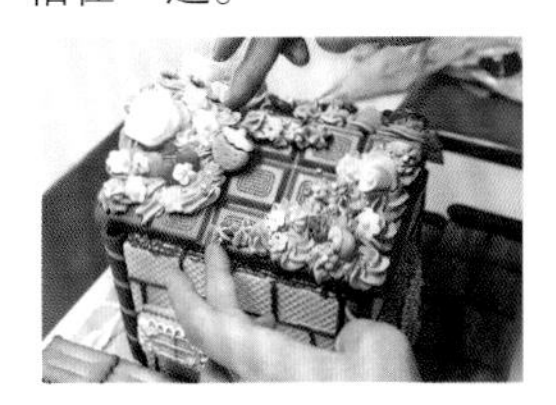

16 在院子两端，用奶油粘上巧克力棒。同样在门前粘上迷你饼干作为装饰。

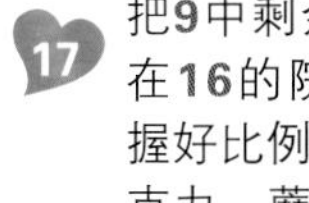

17 把**9**中剩余的巧克力酱挤在**16**的院子里，然后掌握好比例把糖片、草莓巧克力、蘑菇巧克力等装饰上去。

18 在正面屋顶下面美观地挤上一些粘贴用奶油，然后把彩色糖豆点缀在上面。

型纸

瓦夫饼干贴到一起以后，可以按照此型纸的大小用刀将墙壁形状切割整齐。

墙壁A

（用来切割2枚外壁用、2枚内壁用饼干）

墙壁B

（用来切割2枚外壁用、2枚内壁用饼干）

这里总结了常会发生的失败案例以及解决的对策。请抓住要领装饰出可爱的甜点吧。

Q 巧克力酱分离开来，变得非常松散。

A 与鲜奶油相比，如果巧克力过多就容易产生分离。这就需要格外注意称量的准确程度。另外，融化时使用的热水过热，也会成为失败的原因之一。因此不要直接用火、或者滚烫的开水来加温。用50~60℃的温水来缓慢融化比较合适。加入巧克力以后可以稍等片刻，在巧克力开始融化以后再进行搅拌更容易成功。

Q 分离以后的巧克力酱还能复原吗?

A 如果真的分离了，再用勺子加一点鲜奶油进去吧。搅拌过程中，下面交替着垫上水和热水。如果即使这样也不能把巧克力酱搅拌得更润滑，就再加些奶油，重复凉水和热水相交替的搅拌过程吧。

Q 巧克力酱挤出来以后，稀稀拉拉地淌了下来。

A 冷却得不充分，尚未固化就被挤了出来，因此难以成型。应该把盆一直垫在冰水上、同时用刮板搅拌，直到出现了坚挺的“小犄角”为止。冰的数量太少也会影响冷却效果，如果搅拌过程中冰融化了，请再添加一些冰块。

Q 用巧克力写出漂亮字体的秘诀是什么?

A 秘密武器是卷筒。首先用烘焙纸做出卷筒，然后把在热水中融化了的巧克力笔中的液体倒进卷筒里。一定在正式写字之前，画出线条试一试。卷筒画出的线条比巧克力笔画出的线条更纤细，所以无论是汉字还是图画都能更漂亮一些。

Q 巧克力笔里的巧克力不能均匀挤出。

A 用不锋利的剪刀剪开巧克力笔，就会让开口处裂开。然后就会让被挤出来的巧克力液扭曲变形。所以要用锋利的剪刀或刀一气呵成地剪出巧克力笔的开口。
另外，如果里面的巧克力液没有完全融化，就会挤出残留的小硬块。如果需要使用的时间较长，还是应该把巧克力笔放在热水杯中保持温度。

优质的巧克力笔写字绘图都很漂亮，推荐使用。

Q 用巧克力笔做的糖片碎了。

A 巧克力笔画出的糖片线普遍比较纤细易碎。如果在烘焙纸上绘图，则需要等待糖片完全凝固以后再用镊子移动。同时在绘画过程中应当尽量让线条粗一些。另外，如果凝固得不够充分，会在移动的时候变形扭曲。还是先放入冰箱中冷藏一会儿更为安心。由于手指上的温度，直接接触糖片的话会让糖片融化。所以建议使用镊子或者筷子来夹取。

Q 植物性的鲜奶油也OK吗?

A 制作巧克力酱时，完全可以使用植物性鲜奶油按照同样的方法来操作。成品巧克力酱的形状外观不会有什么变化，而且口感更佳，轻盈爽口。使用奶油酱的场合也完全可以使用植物性鲜奶油，但是仍然推荐使用脂肪含量在40%以上的产品。

Q 鲜奶油打发的效果不理想。

A 如果盆或搅拌器上沾有水分，就一定会影响打发的效果。盆洗干净以后一定要擦干水分再使用。另外，鲜奶油本身的温度过高，也是难以起泡的原因之一。在使用之前，都不要提前把鲜奶油从冰箱中拿出来。打发的过程中也应该在盆下面垫上冰水。这样做的效果应该比较理想。
另外，脂肪含量少的奶油比较难以起泡。制作时，推荐使用脂肪含量在40%以上的鲜奶油。

Q 鲜奶油打至8分发的程度是什么程度?

A 所谓的8分发的程度，意味着用搅拌器盛起鲜奶油的时候，上端立起来的“小犄角”能柔软地弯曲呈圆弧状。如果小犄角坚挺地直立，就意味着达到了10分发的程度，这时奶油润滑的甘甜口感就会消失，所以我们只要打到8分发的程度即可。

Q 酱料从卷筒的上面、侧面窜了出来。

A 制作卷筒的烘焙纸如果搭接得不好，往往会发生酱料漏出来的现象。在制作卷筒的时候，请认真地把烘焙纸搭接在一起，不要留下任何的松散部位。
另外，装了酱料的卷筒上面一定要折上2~3层，这样能有效防止挤酱料的时候从上面冒出来。

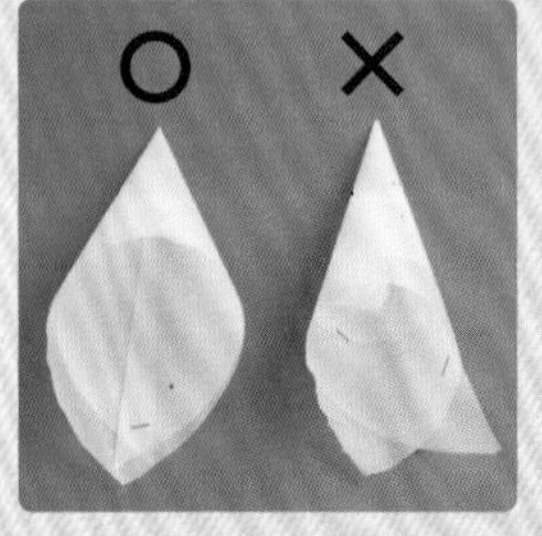

Q 把装饰、甜点放入袋子里的时候，奶油被碰花了。

A 有时候装饰物的表面看起来已经成型，但是里面尚未完全凝固。如果需要携带出门，应该静置1~2小时，使其完全凝固以后再进行包装。另外，巧克力酱在冷却以后也很难完全凝固。所以使用了巧克力酱的甜点，需要放在垫了彩色纸条的较大透明袋子（OPP袋）或透明盒子中。

Q 装饰、甜点的保质期有多长?

A 即使放入冰箱保存，巧克力酱、装饰糖片等的保质期也只有2~3日。关于巧克力笔，请参考商品本身的保质期限。

Junko

原名加藤纯子，从事设计工作。出于个人兴趣，不断追求点心制作的精益求精。于是进入短期大学，进行食品制作专业深造。此后，就同时成了兼职美食家、餐饮顾问。作为一名设计师，擅长创意出令人耳目一新的可爱甜点。2010年首次出版的图书《彩绘蛋糕卷》中推出的手绘风的蛋糕卷制作方法，一时间成为了热议话题。其后出版的《彩绘蛋糕卷2》、《彩绘蛋糕卷3》等书，均在热销中。